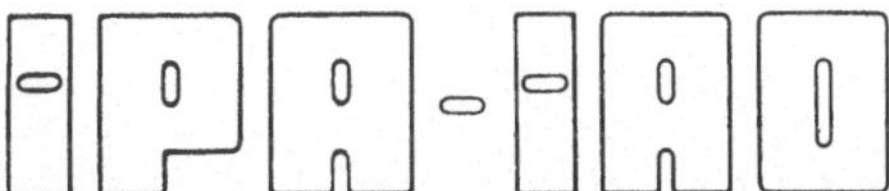

IPA-IAO
Forschung und Praxis

Band 142

Berichte aus dem
Fraunhofer-Institut für Produktionstechnik
und Automatisierung (IPA), Stuttgart,
Fraunhofer-Institut für Arbeitswirtschaft
und Organisation (IAO), Stuttgart, und
Institut für Industrielle Fertigung und
Fabrikbetrieb der Universität Stuttgart

Herausgeber: H. J. Warnecke und H.-J. Bullinger

Dieter Lorenz

CAD-Video-Somatographie

Entwicklung und Bewertung einer Methode zur anthropometrischen Arbeitsgestaltung

Mit 61 Abbildungen

Springer-Verlag
Berlin Heidelberg New York
London Paris Tokyo Hong Kong 1989

Dipl.-Wirtsch.-Ing. Dieter Lorenz
Fraunhofer-Institut für Arbeitswirtschaft und Organisation (IAO), Stuttgart

Prof. Dr.-Ing. Dr. h. c. Dr.-Ing. E.h H. J. Warnecke
o. Professor an der Universität Stuttgart
Fraunhofer-Institut für Produktionstechnik und Automatisierung (IPA), Stuttgart

Prof. Dr.-Ing. habil. H.-J. Bullinger
o. Professor an der Universität Stuttgart
Fraunhofer-Institut für Arbeitswirtschaft und Organisation (IAO), Stuttgart

D 93

ISBN-13:978-3-540-52163-1   e-ISBN-13:978-3-642-84093-7
DOI: 10.1007/978-3-642-84093-7

Gesamtherstellung: Copydruck GmbH, Heimsheim
2362/3020—543210

<u>Geleitwort der Herausgeber</u>

Futuristische Bilder werden heute entworfen:

o Roboter bauen Roboter,

o Breitbandinformationssysteme transferieren riesige Datenmengen in
  Sekunden um die ganze Welt.

Von der "menschenleeren Fabrik" wird da gesprochen und vom "papierlo-
sen Büro". Wörtlich genommen muß man beides als Utopie bezeichnen,
aber der Entwicklungstrend geht sicher zur "automatischen Fertigung"
und zum "rechnerunterstützten Büro". Forschung bedarf der Perspektive,
Forschung benötigt aber auch die Rückkopplung zur Praxis - insbesondere im Bereich der Produktionstechnik und der Arbeitswissenschaft.

Für eine Industriegesellschaft hat die Produktionstechnik eine Schlüs-
selstellung. Mechanisierung und Automatisierung haben es uns in den
letzten Jahren erlaubt, die Produktivität unserer Wirtschaft ständig
zu verbessern. In der Vergangenheit stand dabei die Leistungssteigerung
einzelner Maschinen und Verfahren im Vordergrund. Heute wissen wir, daß
wir das Zusammenspiel der verschiedenen Unternehmensbereiche stärker
beachten müssen. In der Fertigung selbst konzipieren wir flexible Fertigungssysteme, die viele verkettete Einzelmaschinen beinhalten. Dort,
wo es Produkt und Produktionsprogramm zulassen, denken wir intensiv
über die Verknüpfung von Konstruktion, Arbeitsvorbereitung, Fertigung
und Qualitätskontrolle nach. Rechnerunterstützte Informationssysteme
helfen dabei und sollen zum CIM (Computer Integrated Manufacturing)
führen und CAD (Computer Aided Design) und CAM (Computer Aided Manufacturing) vereinen. Auch die Büroarbeit wird neu durchdacht und mit
Hilfe vernetzter Computersysteme teilweise automatisiert und mit den
anderen Unternehmensfunktionen verbunden. Information ist zu einem
Produktionsfaktor geworden, und die Art und Weise, wie man damit umgeht,
wird mit über den Unternehmenserfolg entscheiden.

Der Erfolg in unseren Unternehmen hängt auch in der Zukunft entschei-
dend von den dort arbeitenden Menschen ab. Rationalisierung und Automatisierung müssen deshalb im Zusammenhang mit Fragen der Arbeitsgestaltung betrieben werden, unter Berücksichtigung der Bedürfnisse der Mitarbeiter und unter Beachtung der erforderlichen Qualifikationen. Investitionen in Maschinen und Anlagen müssen deshalb in der Produktion wie
im Büro durch Investitionen in die Qualifikation der Mitarbeiter be-
gleitet werden. Bereits im Planungsstadium müssen Technik, Organisation
und Soziales integrativ betrachtet und mit gleichrangigen Gestaltungs-
zielen belegt werden.

Von wissenschaftlicher Seite muß dieses Bemühen durch die Entwicklung
von Methoden und Vorgehensweisen zur systematischen Analyse und Verbesserung des Systems Produktionsbetrieb einschließlich der erforderlichen Dienstleistungsfunktionen unterstützt werden. Die Ingenieure
sind hier gefordert, in enger Zusammenarbeit mit anderen Disziplinen,
z. B. der Informatik, der Wirtschaftswissenschaften und der Arbeitswissenschaft, Lösungen zu erarbeiten, die den veränderten Randbedingungen
Rechnung tragen.

Beispielhaft sei hier an den großen Bereich der Informationsverarbei-
tung im Betrieb erinnert, der von der Angebotserstellung über Konstruktion und Arbeitsvorbereitung, bis hin zur Fertigungssteuerung und Qualitätskontrolle reicht. Beim Materialfluß geht es um die richtige Aus-

wahl und den Einsatz von Fördermitteln sowie Anordnung und Ausstattung
von Lagern. Große Aufmerksamkeit wird in nächster Zukunft auch der
weiteren Automatisierung der Handhabung von Werkstücken und Werkzeugen sowie der Montage von Produkten geschenkt werden.

Von der Forschung muß in diesem Zusammenhang ein Beitrag zum Einsatz
fortschrittlicher intelligenter Computersysteme erfolgen. Planungs-
prozesse müssen durch Softwaresysteme unterstützt und Arbeitsbedingungen wissenschaftlich analysiert und neu gestaltet werden.

Die von den Herausgebern geleiteten Institute, das

- Institut für Industrielle Fertigung und Fabrikbetrieb der Universität
  Stuttgart (IFF),

- Fraunhofer-Institut für Produktionstechnik und Automatisierung (IPA),

- Fraunhofer-Institut für Arbeitswirtschaft und Organisation (IAO)

arbeiten in grundlegender und angewandter Forschung intensiv an den
oben aufgezeigten Entwicklungen mit. Die Ausstattung der Labors und
die Qualifikation der Mitarbeiter haben bereits in der Vergangenheit
zu Forschungsergebnissen geführt, die für die Praxis von großem
Wert waren. Zur Umsetzung gewonnener Erkenntnisse wird die Schriftenreihe "IPA-IAO - Forschung und Praxis" herausgegeben. Der vorliegende
Band setzt diese Reihe fort. Eine Übersicht über bisher erschienene
Titel wird am Schluß dieses Buches gegeben.

Dem Verfasser sei für die geleistete Arbeit gedankt, dem Springer-
Verlag für die Aufnahme dieser Schriftenreihe in seine Angebotspa-
lette und der Druckerei für saubere und zügige Ausführung. Möge das
Buch von der Fachwelt gut aufgenommen werden.

H. J. Warnecke · H.-J. Bullinger

Vorwort

Die Gestaltung der Mensch-Arbeitsmittel-Schnittstelle nach den Körpermaßen
und biomechanischen Eigenschaften des Menschen (anthropometrische Arbeitsgestaltung) ist eine grundlegende Aufgabe der ergonomischen Arbeitsgestaltung.
Die vorliegende Arbeit will einerseits die Unterschiede der wichtigsten und bekanntesten Methoden zur anthropometrischen Arbeitsgestaltung im Hinblick
auf ihre Eignung und ihre Kosten bei der Anwendung herausarbeiten. Andererseits wird eine neuentwickelte Methode, die CAD-Video-Somatographie, vorgestellt und mit bestehenden Methoden verglichen.

Der Vergleich der Methoden wird über eine nutzwertanalytische Betrachtung
und eine exemplarische Berechnung der Anwendungskosten durchgeführt. Die
verwendeten Zielsysteme und Präferenzstrukturen wurden vom Verfasser vorgegeben und nachvollziehbar beschrieben. Andere Wertsysteme können zu anderen Ergebnissen führen. Dies gilt in ähnlicher Weise für die durchgeführte Kostenrechnung. Die in der Arbeit aufgezeigte Variation der fixen und variablen
Kosten gibt hierfür erste Hinweise.

Auf der Grundlage der Ergebnisse der Methodenbewertung und des Methodenvergleichs wurde die CAD-Video-Somatographie entwickelt. Sie baut auf bestehenden Methoden zur anthropometrischen Arbeitsgestaltung auf und will zu
einer Methodenweiterentwicklung beitragen. Aufgrund des ständig zunehmenden Einsatzes von CAD-Systemen in der Konstruktion und Arbeitsgestaltung
wurde besonders darauf geachtet, daß die CAD-Video-Somatographie in Verbindung mit unterschiedlichen CAD-Systemen eingesetzt werden kann.

Die vorliegende Arbeit entstand während meiner Tätigkeit als wissenschaftlicher Mitarbeiter am Fraunhofer-Institut für Arbeitswirtschaft und Organisation (IAO).

Herrn Prof. Dr.-Ing. habil. H.-J. Bullinger, Inhaber des Lehrstuhls für Arbeitswissenschaft der Universität Stuttgart und Leiter des Fraunhofer-Instituts für
Arbeitswirtschaft und Organisation (IAO), gilt für die Überlassung des Themas,
die wissenschaftliche Anleitung bei der Bearbeitung und die wohlwollende För-
derung der Arbeit mein herzlicher Dank. Herrn Prof. Dr.-Ing. Dipl.-Wirtsch.-Ing.
G. Zülch, Inhaber des Lehrstuhls und Leiter des Instituts für Arbeitswissenschaft

und Betriebsorganisation der Universität Fridericiana (TH) Karlsruhe, danke ich für die eingehende Durchsicht der Arbeit und die wertvollen Anregungen.

Meinen Kollegen danke ich für ihre kritischen Hinweise und ihre stete Diskussionsbereitschaft, insbesondere Herrn Dipl.-Ing. W. Bauer, Herrn Dr.-Ing. P. Kern und Herrn Dr.-Ing. L. Traut. Darüberhinaus sei all jenen gedankt, die bei der Planung und dem Aufbau des CAD-Video-Somatographie-Labors sowie der Erstellung des Manuskriptes beteiligt waren.

Mein Dank gilt auch meiner Frau Gaby und meinen Kindern Miriam und Raphaela für ihr Verständnis und ihre geduldige Unterstützung. Das Buch widme ich meinen Eltern Erna Elisabeth und Josef.

Stuttgart, im Oktober 1989   Dieter Lorenz

<u>Inhaltsverzeichnis</u>

Seite

Verwendete Formelzeichen und Abkürzungen — 12

1   Einleitung — 14

2   Bedeutung der anthropometrischen Arbeitsgestaltung — 16
2.1   Ergonomische Arbeitsgestaltung — 16
2.2   Anthropometrische Arbeitsgestaltung — 19

3   Zielsetzung und Vorgehensweise zur Entwicklung und Bewertung der CAD-Video-Somatographie — 25

4   Bestehende Methoden anthropometrischer Arbeitsgestaltung — 28
4.1   Klassifizierung bestehender Methoden — 28
4.2   Beschreibung ausgewählter Methoden — 31
4.2.1   Probandenorientierte Methoden — 31
4.2.1.1   Direkte Methoden — 31
4.2.1.2   Indirekte Methoden — 34
4.2.2   Modellorientierte Methoden — 37
4.2.2.1   Konventionelle Methoden — 37
4.2.2.2   Rechnerunterstützte Methoden — 40
4.2.3   Zusammenfassende Darstellung — 44

5   Bewertung und Vergleich ausgewählter Methoden — 47
5.1   Eingrenzung des Methodenspektrums — 47
5.2   Beschreibung der Bewertungsmethodik — 49
5.2.1   Nutzwertanalyse — 50
5.2.1.1   Kriterienkatalog zur Beurteilung der Methoden — 50
5.2.1.2   Bewertungsschlüssel und Erfüllungsgrade — 50
5.2.1.3   Gewichtungsfaktoren der Zielkriterien — 50
5.2.1.4   Ergebnisse der Nutzwertanalyse — 53

5.2.2	Kosten der ausgewählten Methoden	55
5.2.2.1	Festlegung der Kostenarten	56
5.2.2.2	Gesamtkosten unter Berücksichtigung der Anwendungshäufigkeit der Methoden	57
5.2.3	Definition des Methodenwertes aus Nutzwert und Kosten	58
5.3	Kritische Würdigung und Anforderungen an neue Methoden	61
6	Entwicklung der CAD-Video-Somatographie	64
6.1	Funktionsbeschreibung	64
6.2	Konfiguration von Hard- und Software im CAD-Video-Somatographie-Labor	66
6.2.1	CAD-Bereich	68
6.2.2	Probandenaufnahmebereich	70
6.2.3	Regiebereich	71
6.3.	Verfahrensschritte zur Analyse und Gestaltung der Mensch-Arbeitsmittel-Schnittstelle	75
6.4	Fehlerbetrachtung des Gesamtsystems CAD-Video-Somatographie	80
6.4.1	Technisches System	81
6.4.2	Bewegungsraum-/Objekttiefe	84
6.4.3	Proband	87
6.4.4	Mensch-Arbeitsmittel-Interaktion	89
6.4.5	Beurteilung durch den Methodenanwender	90
6.4.6	Gesamtfehler	91
6.5	Anwendungsgebiete und Einsatzgrenzen der entwickelten Methode	92
7	Bewertung und Vergleich der CAD-Video-Somatographie mit ausgewählten Verfahren	94
7.1	Bewertung der CAD-Video-Somatographie	94
7.1.1	Nutzwertanalyse der CAD-Video-Somatographie	94
7.1.2	Kosten der CAD-Video-Somatographie	96
7.1.3	Methodenwerte der CAD-Video-Somatographie	97
7.2	Vergleichende Betrachtung	98

8	Anwendungsbeispiel	102
8.1	Beschreibung des ausgewählten Entgratarbeitsplatzes	103
8.2	Analyse der Mensch-Arbeitsmittel-Schnittstelle im Ist-Zustand	104
8.3	Gestaltung des Neu-Zustands	108
9	Zusammenfassung	114
10	Schrifttum	117
10.1	Literatur	117
10.2	Normen und Richtlinien	126
11	Anhang	127
11.1	Charakteristika zur Beschreibung alternativer Methoden anthropometrischer Arbeitsgestaltung	127
11.2	Kriterienkatalog der nutzwertanalytischen Betrachtung	128
11.3	Bewertungsschlüssel für die nutzwertanalytische Betrachtung	136
11.4	Hierarchische Zielsysteme der Varianten 2 bis 4 der nutzwertanalytischen Betrachtung	139
11.5	Ergebnisse der nutzwertanalytischen Betrachtung der Varianten 2 bis 4	143
11.6	Beschreibung der Kostenarten und Multiplikatoren für den Methodenvergleich	147
11.7	Aufstellung der Methodenkosten	150
11.7.1	Kosten der Video-Somatographie	150
11.7.2	Kosten der Körpermaßtabelle	152
11.7.3	Kosten der Körperumrißschablone	152
11.7.4	Kosten der Kieler Puppe	153
11.7.5	Kosten des Menschmodells FRANKY	154
11.7.6	Kosten des Menschmodells OSCAR	154
11.8	Methodenwerte der Anwendungsfälle 2 bis 4	155
11.9	Testbilder zur Ermittlung des Systemfehlers	157
11.10	Ansichten des im CADVSL analysierten Ist-Zustandes und des gestalteten Neu-Zustandes eines Entgratarbeitsplatzes	159
11.11	Beispielhafte Installation eines CADVSL	162
11.12	Variation der sprungfixen und variablen Kosten	163

Formelzeichen und Abkürzungen

Zeichen	Einheit	Bedeutung
A	%	Abweichung der Testbildlinien
a	m	Gegenstandsweite, Aufnahmeabstand
B		Bedeutungsschlüssel
BA		Bandabsorption
b	mm	Bildweite
CAB		CAD-Bereich
CAD		Computer Aided Design
CADVS		CAD-Video-Somatographie
CADVSL		CAD-Video-Somatographie-Labor
CPU		Central Processor Unit
c	m	Bewegungsraum-/Objekttiefe
D		Sonderschlüssel für Dokumentation
d		Dimension, dimensonial
E		Erfüllungsgrad
EKG		Elektrokardiogramm
F	%	Relativer Fehler
F_G	%	Relativer Gesamtfehler
F_O	%	Relativer optischer Fehler
F_P	%	Relativer probandenspezifischer Fehler
F_T	%	Relativer technischer Fehler
G'		(normierter) Gewichtungsfaktor
H	m	Gegenstandshöhe
H'	m	Reduzierte Gegenstandshöhe
h	mm	Bildhöhe
h'	mm	Reduzierte Bildhöhe
IAO		Fraunhofer-Institut für Arbeitswirtschaft und Organisation
IR		Infrarot
K	DM/a	Gesamtkosten pro Jahr
K_A	DM/a	Abschreibungskosten pro Jahr
K_a	DM	Kosten pro Anwendung
K_E	DM/h	Energiekosten pro Stunde
K_I	DM/a	Instandhaltungs- und Wartungskosten pro Jahr
K_L	DM/h	Lohnkosten pro Stunde

K_R	DM/a	Raumkosten pro Jahr
K_S	DM/a	Schulungskosten pro Jahr
K_V	DM/h	Variable Zusatzkosten pro Stunde
K_Z	DM/a	Kalkulatorische Zinsen pro Jahr
MEW_{x_a}		Methodenwert bei Anwendungshäufigkeit x_a einer Methode
MTM		Methods-Time Measurement
m		Ganzzahlige Laufvariable zur Bestimmung der Methodenanzahl
N_p		prozentualer Nutzwert
n		Brechungsindex
P_0, P_1, P_2		Meßpunkte
PAB		Probandenaufnahmebereich
PAL		Phase Alterning Line
PC		Personal Computer
p		Statistische Signifikanz
q		Quotient des Methodenbedarfs
R		Schlüssel für realitätsgetreue Wiedergabe/ Darstellung von Arbeitssystemelementen
R_1, R_2, R_3		Seilzug-Trio mit dem Schnittpunkt P1
REB		Regiebereich
RGB		Rot/Grün/Blau
SPSS		Statistical Package for the Social Science
t_a	h	Anwendungszeit einer Methode in Stunden
t_v	h/a	Verfügbarkeit einer Methode in Stunden pro Jahr
UV		Ultraviolett
VP		Versuchsperson
W		Wandlungsschlüssel
w_f		Kostenfaktor für Instandhaltung
x_a	1/a	Anwendungshäufigkeit pro Jahr
x_k		Anzahl benötigter Methoden
x, y, z		Kartesisches Koordinatensystem
x_1, y_1, z_1		
ZAB		Zeichnungsaufnahmebereich
Z1, Z2		Zeitschlüssel
α	deg	Bildwinkel
ß	deg	Reduzierter Bildwinkel

1   <u>Einleitung</u>

Seit vielen Jahren werden intensive Bemühungen unternommen, die Arbeitsbedingungen der in Industrie, Handwerk, Handel, Verwaltung und Dienstleistung tätigen Menschen zu verbessern. Arbeit menschengerecht zu gestalten, ist eine interdisziplinäre Aufgabe, zu deren Bewältigung Methoden und Erkenntnisse unterschiedlichster Forschungsrichtungen eingesetzt werden müssen. Eine wichtige Bedeutung kommt dabei der Ergonomie zu, die, selbst wiederum interdisziplinär forschend, die Grundlagen für eine menschengerechte Arbeitsgestaltung schafft. Ein ergonomisch gestalteter Arbeitsplatz ist Voraussetzung für den wirtschaftlichen und humanen Einsatz der menschlichen Arbeit. Ergonomisch unzureichend gestaltete Arbeitsplätze beeinträchtigen das Wohlbefinden, die Leistungsbereitschaft und -fähigkeit sowie die Gesundheit der arbeitenden Menschen. Die Umsetzung ergonomischer Erkenntnisse bei der Arbeitsgestaltung wirkt allein noch nicht motivierend auf die Mitarbeiter. Sie bildet jedoch die unerläßliche Basis, auf der persönlichkeitsförderliche und motivierende Formen der Arbeitsgestaltung aufbauen können.

Werden die derzeit laufenden nationalen und internationalen Forschungsarbeiten in der Ergonomie bezüglich ihrer Zielsetzung betrachtet, so ist festzustellen, daß zunehmend ein Schwerpunkt auf die Gewährleistung einer natürlichen und beanspruchungsmindernden Körperhaltung bei der Arbeit gelegt wird. Dies kann besonders am Beispiel der Rückenbeschwerden von Mitarbeitern plausibel gemacht werden. Diese Beschwerden sind oft auf ungünstige Gestaltungszustände von Arbeitsmitteln zurückzuführen. Zur Illustration der Bedeutung dieses Sachverhalts seinen einige Zahlen genannt. Nach Aussage der Krankenkassen und Rentenversicherungsträger der Bundesrepublik Deutschland stehen 20 % aller Krankmeldungen und 50 %- 60 % aller Anträge auf Frühinvalidität im Zusammenhang mit Erkrankungen der Wirbelsäule (weichteilrheumatische Beschwerden und degenerative Wirbelsäulendefekte) /26, 27/. Die Zahl der durch diesen Krankenstand ausfallenden Arbeitstage wird auf rund 9 Millionen pro Jahr geschätzt /27/. Die enorme gesundheits- und gesellschaftspolitische Bedeutung dieser Beschwerden wird zudem verdeutlicht, indem man sich vor Augen führt, daß nur 50 % aller Patienten, deren Krankheitsprozeß über sechs Monate andauert, jemals wieder zur Arbeit zurückkehren /88/.

Es sind noch nicht alle Ursachen für diese gesundheitliche Beeinträchtigung in vollem Umfang geklärt. Es kann jedoch davon ausgegangen werden, daß ungünstige, den Stützapparat beanspruchende Körperhaltungen, unzulängliche Bewegungsräume, schlechte maßliche und bewegungstechnische Bedingungen - verstärkt unter Einfluß von Kräften und Momenten - am Arbeitsplatz, an der Entstehung der Rückenbeschwerden beteiligt sind. Das Auftreten der Beschwerden wird, bezogen auf das Lebensalter, dadurch beschleunigt.

Um negative Einflüsse auf die Gesundheit der arbeitenden Menschen zu vermeiden, einen positiven Beitrag zur Erhaltung der Leistungsfähigkeit und -bereitschaft sowie des Wohlbefindens bei der Arbeit zu leisten, werden derzeit verstärkt in Forschung und Praxis Methoden und Hilfsmittel für die maßliche und bewegungstechnische Arbeitsgestaltung entwickelt und vorgestellt.

Trotz der teilweise seit Jahren zur Verfügung stehenden Methoden zur anthropometrischen Arbeitsgestaltung wurden bis heute nur wenige der neu installierten Arbeitsplätze hiermit entwickelt und konstruiert. Diese etwas generalisierende Aussage basiert auf langjährigen eigenen Erfahrungen und der Befragung vieler Arbeitsplaner und -gestalter. Zwei Erklärungen bieten sich dafür an. Die Vielfalt unterschiedlicher Methoden und die mit ihrem Einsatz verbundenen hohen Kosten. Heute könnte der zunehmende Einsatz von Rechnern in der Konstruktion und der Arbeitsgestaltung eine weitere Erklärung bieten. Obwohl sich mit CAD-Systemen viele ingenieurwissenschaftlichen Fragestellungen schnell und effizient lösen lassen, bleiben dennoch ergonomische Aspekte oft unberücksichtigt. Eine Erklärung dafür könnte in der noch unzureichenden Verfügbarkeit von universell einsetzbaren rechnerunterstützten Methoden zur anthropometrischen Arbeitsgestaltung liegen. Viele dieser Methoden sind noch nicht ausgereift.

Vor allem zwei Zielsetzungen werden mit der hier vorliegenden Arbeit verbunden. Sie will zunächst die Unterschiede der wichtigsten und bekanntesten Methoden zur anthropometrischen Arbeitsgestaltung im Hinblick auf ihre Eignung und ihren Kostenaufwand bei der Anwendung herausarbeiten. Zum zweiten wird eine neu entwickelte Methode, die CAD-Video-Somatographie, vorgestellt und mit den bestehenden Methoden verglichen. Die CAD-Video-Somatographie ist für den Einsatz bei rechnerunterstützten Graphiksystemen vorgesehen. Ihr besonderes Kennzeichen ist neben ihrer Vielfältigkeit in der Anwendung ihre weitgehende Unabhängigkeit von Hard- und Software-Systemen.

Die Abkehr von der handwerklich geprägten Produktionsweise brachte die Güter-
erstellung für anonyme Nutzer und die Einrichtung von Arbeitsplätzen für wech-
selnde Arbeitspersonen mit sich. Dies machte die Anpassung von Arbeitsmitteln
und Arbeitsstätten nicht an ein Individuum, sondern eine Gruppe von Menschen
notwendig. So gewann mit zunehmender Industrialisierung die Gestaltung der Arbeit an Bedeutung. Während es früher meist ausreichte, die bei der Arbeitsgestaltung gesammelten Erfahrungen zur Lösung neuer Probleme zu verwenden, gelingt
dieser Weg heute kaum, da bei neuartigen Problemen Erfahrungen noch nicht bestehen können /100/. Arbeitswissenschaftliche Ansätze zur Lösung neuer Probleme
der Arbeitsgestaltung und methodische Hilfsmittel zur Unterstützung der Umsetzung von Erkenntnissen in der Praxis werden deshalb immer wichtiger.

Da die vorliegende Arbeit einen Beitrag zur Lösung anthropometrischer Problemstellungen leisten will, soll in diesem Kapitel der Stellenwert der anthropometrischen Arbeitsgestaltung innerhalb des Gesamtzusammenhangs der Ergonomie
dargestellt werden. Die üblichen Vorgehensweisen der Arbeitsgestaltung sollen
aufgezeigt und wichtige Begriffe definiert werden.

2.1   Ergonomische Arbeitsgestaltung

Die technischen, organisatorischen und sozialen Bedingungen, unter denen sich
menschliche Arbeit vollzieht, werden von der Arbeitswissenschaft analysiert,
geordnet und gestaltet /86/. Die Arbeitswissenschaft kann als interdisziplinäre
Wissenschaft aufgefaßt werden, in der sich historisch unterschiedliche Speziali-
sierungsansätze mit spezifischem Forschungsgegenstand und spezifischer For-
schungsmethodik herausgebildet haben. Das Teilgebiet der Arbeitswissenschaft
mit der wohl größten Übertragbarkeit der Erkenntnisse in die Praxis stellt die
Ergonomie dar. Dies wird insbesondere daran deutlich, daß den in einer Reihe von
Gesetzen geforderten und in Verordnungen, Richtlinien und Regelsammlungen
zusammengestellten "gesicherten arbeitswissenschaftlichen Erkenntnissen" in der
Regel ergonomische Kenngrößen zugrunde liegen. Der Grund dafür ist vor allem im
naturwissenschaftlich-ingenieurwissenschaftlichen Forschungsansatz der Ergonomie zu sehen.

Die Erkenntnisse der Ergonomie werden im Rahmen der ergonomischen Arbeitsgestaltung in der Praxis umgesetzt. Im Gegensatz zur Arbeitswissenschaft, für die

von Luczak und Volpert eine gemeinsam erarbeitete Definition vorgelegt wurde /86/, die allgemeine Anerkennung gefunden hat /103/, kann von einem einheitlichen Selbstverständnis der Ergonomie und ihrer Umsetzung bei der ergonomischen Arbeitsgestaltung nicht gesprochen werden. Zur Abgrenzung der ergonomischen Arbeitsgestaltung wird diese hier wie folgt definiert:

Die ergonomische Arbeitsgestaltung untersucht und gestaltet die Wechselwirkungen zwischen Mensch und Arbeitsobjekt mit dem Ziel, unter Berücksichtigung der Eigenschaften, Fähigkeiten, Fertigkeiten und Bedürfnisse des Menschen für diesen eine ausgewogene Beanspruchung (weder Über- noch Unterforderung) zu erreichen, gesundheitliche Schädigungen zu vermeiden und einen möglichst hohen wirtschaftlichen Nutzen des Arbeitssystems zu sichern. Dies erfolgt primär durch die Anpassung der Arbeitsaufgabe, -mittel, -umgebung und -organisation an den Menschen, wobei spezifische Analyse- und Gestaltungsmethoden eingesetzt werden.

Bei den Analysemethoden sind vor allem die Beanspruchungs-, Belastungs-, Aktivitäts- und Leistungsanalyse von Bedeutung. Von den Gestaltungsmethoden sollen hier beispielhaft die Vorgehensweisen nach Normen (z. B. DIN 33 400) und Richtlinien (z. B. VDI 22 42) genannt werden. Das Aufgabenfeld der ergonomischen Arbeitsgestaltung ist sehr breit. So reicht die Spannweite der zu behandelnden Aufgaben beispielsweise von der benutzergerechten Dialoggestaltung komplexer Mensch-Rechner-Schnittstellen bis zur beleuchtungstechnischen Auslegung von Arbeitsstätten. Diese sehr unterschiedlichen Problemstellungen erfordern, daß bei der ergonomischen Arbeitsgestaltung die Erfahrungen und die methodischen Ansätze verschiedener Wissenschaftsdiziplinen herangezogen werden.

Die ergonomische Arbeitsgestaltung wird in der Regel im Rahmen einer übergeordneten soziotechnologischen Systemgestaltung durchgeführt, für die in der Vergangenheit verschiedene Vorgehensweisen mit bis zu 10 Bearbeitungsschritten vorgeschlagen wurden (vgl. /89, 101, 110, 121, 134/). In Anlehnung an diese lassen sich für die ergonomische Arbeitsgestaltung folgende wesentliche Elemente einer methodischen Vorgehensweise extrahieren, die neben analytischen auch synthetische Elemente enthalten:

o Zielsetzung und Abgrenzung der Gestaltungsaufgabe,
o Analyse des Gestaltungsobjektes,
o Entwicklung alternativer Gestaltungslösungen,
o Beurteilung der Gestaltungsalternativen und Auswahl,
o Realisierung der ausgewählten Gestaltungsalternativen,

o   Evaluierung der realisierten Gestaltungsalternativen,
o   Auswahl und Implementation der Gestaltungslösung.

Die duale Zielsetzung der ergonomischen Arbeitsgestaltung stellt die Wirtschaftlichkeit des zu gestaltenden Arbeitssystems gleichberechtigt neben die humanitä-
ren Ziele. Die Bedeutung der Wirtschaftlichkeit läßt sich in erster Linie durch vier
Gesichtspunkte begründen:

1.   Ökonomische Nutzung
     Die ergonomische Arbeitsgestaltung soll zu einer ökonomischen Nutzung der
     menschlichen Arbeitskraft und damit zur Effektivitätssteigerung des Arbeits-
     systems beitragen.
2.   Senkung der Sozialkosten
     Die ergonomische Arbeitsgestaltung soll zur Wahrung der Gesundheit und
     des Wohlbefindens des Menschen und damit zur Senkung von betrieblichen
     und gesellschaftlichen Sozialkosten führen.
3.   Wettbewerbsvorteile
     Die ergonomische Gestaltung von Produkten kann zu ökonomischen Vorteilen
     bei deren Vermarktung beitragen.
4.   Kostenvorteile
     Ergonomische Gestaltungslösungen zur Verbesserung der Arbeitsbedingun-
     gen lassen sich insbesondere dann umsetzten, wenn sie auch mit Kostenredu-
     zierungen für das Unternehmen verbunden sind.

Aufgrund der Vorgehensweise bei der Arbeitsgestaltung lassen sich korrektive und
konzeptive Anwendungen der ergonomischen Erkenntnisse unterscheiden /31, 71/.
Bei der konzeptiven ergonomischen Arbeitsgestaltung fließen im Rahmen einer
methodischen Vorgehensweise ergonomische Gestaltungsregeln bereits in der Pla-
nungsphase von Arbeitssystemen in die Gestaltung ein. Die korrektive ergonomische Arbeitsgestaltung sucht und behebt ergonomische Schwachstellen an bestehenden Arbeitssystemen. Vor allem bei komplexen Arbeitssystemen und Produkten ist eine rechtzeitige Berücksichtigung ergonomischer Belange in der Ent-
wicklungs- und Konstruktionsphase von großer Bedeutung, da nachträglich durchgeführte korrektive Maßnahmen hohe Kosten verursachen und infolge einge-
schränkter Gestaltungsmöglichkeiten in der Regel nur noch Teiloptima erreichbar
sind.

Zur Beurteilung der Maßnahmen ergonomischer Arbeitsgestaltung können die
Bewertungskriterien Ausführbarkeit, Erträglichkeit, Zumutbarkeit und Zufrieden-

heit /100/ herangezogen werden. Dieses hierarchische Bewertungsschema hat eine breite Zustimmung in Forschung und Praxis gefunden. Bei dem von Hacker und Macher /49/ vorgestellten Bewertungssystem wurde der Begriff Zufriedenheit durch Persönlichkeitsförderlichkeit ersetzt.

Für die Bewertung der Maßnahmen der anthropometrischen Arbeitsgestaltung ist vor allem das Kriterium Ausführbarkeit heranzuziehen. Damit wird die grundlegende Bedeutung der anthropometrischen Arbeitsgestaltung innerhalb der ergonomischen Arbeitsgestaltung deutlich.

2.2 Anthropometrische Arbeitsgestaltung

Die Anthropometrie ist eine Humanwissenschaft, die sich mit der Vermessung und maßlichen Beschreibung des menschlichen Körpers beschäftigt /109/. Sie liefert statische und dynamische Maße, die nach Differenzierungsmerkmalen, wie Alter, Geschlecht, ethnische Gruppenzugehörigkeit und Körperkonstitution zur Verfügung gestellt werden /66/. Dieses Maßsystem wird anthropometrische Datenbasis oder Körpermaßsystem genannt. Statische Maße beschreiben den Abstand zwischen festen anatomischen Bezugspunkten und werden auch Strukturmaße genannt. Dynamische Maße oder Funktionsmaße beinhalten die Abmessungen von Reichweiten und Bewegungsräumen unter Berücksichtigung natürlicher Körperbewegungen /94/. Dynamische Maße sind abhängig von der jeweils eingenommenen Körperhaltung.

Die Aufgabe der anthropometrischen Arbeitsgestaltung ist die Dimensionierung der Mensch-Arbeitsmittel-Schnittstelle nach den Körpermaßen und biomechanischen Eigenschaften des Menschen. Als Arbeitsmittel sollen dabei alle technischen Systemkomponenten des Arbeitssystems verstanden werden. Dazu zählen die Arbeitsplätze, Geräte, Werkzeuge, Maschinen, etc. Die Arbeitsmittel werden nicht nur im Berufsleben, sondern auch im Heim- und Freizeitbereich verwendet. Die anthropometrische Arbeitsgestaltung übernimmt eine wichtige und grundlegende Aufgabe der ergonomischen Arbeitsgestaltung. Sie schafft wesentliche Voraussetzungen für ein ermüdungsarmes und effizientes Arbeiten. Damit gewährleistet sie eine notwendige, aber nicht hinreichende Voraussetzung der menschengerechten Arbeitsgestaltung. Im einzelnen können die Aufgaben der anthropometrischen Arbeitsgestaltung wie folgt umschrieben werden:

o Gewährleistung physiologisch günstiger Körperhaltungen bei der Erfüllung der Arbeitsaufgabe, o Anpassung der Mensch-Arbeitsmittel-Schnittstelle an die Anatomie der menschlichen Effektoren,

o Festlegung der Krafteingriffspunkte im Raum unter Berücksichtigung der physiologisch günstigen Kraftentfaltung des Menschen,

o Festlegung des Ortes der Informationsdarstellung unter Berücksichtigung einer ermüdungsarmen, schnellen und fehlerfreien Informationsaufnahme,

o Optimierung und Vereinfachung der motorischen Körperbewegungen zur Erfüllung der Arbeitsaufgabe,

o Beschreibung eines Bewegungsraums für den menschlichen Körper zur ungestörten Durchführung der motorischen Aktivität.

Die Vorgehensweise bei der anthropometrischen Arbeitsgestaltung ist in Bild 1 dargestellt.

Ausgangspunkt der Gestaltungsarbeit ist die anthropometrische Datenbasis. Sie enthält numerische Angaben in Längen- und Winkelmaßeinheiten zur maßlichen Beschreibung des menschlichen Körpers. Diese Datenbasis ist abhängig vom Benutzerkollektiv, bzw. beschreibt dieses. Das Benutzerkollektiv umfaßt die Gruppe von Menschen, die als potentielle Anwender eines Arbeitsmittels zu berücksichtigen sind. Während die in der Datenbasis enthaltenen Strukturmaße mit Anthropometern (spezielle Längen- und Winkelmeßgeräte) direkt ermittelt werden können, werden die Funktionsmaße unter Berücksichtigung unterschiedlicher Körperhaltungen und Einflüsse des natürlichen Bewegungsablaufes von den Strukturmaßen abgeleitet. Hierzu zählen Körperumrißmaße und maximale Bewegungsräume bei verschiedenen Körperhaltungen.

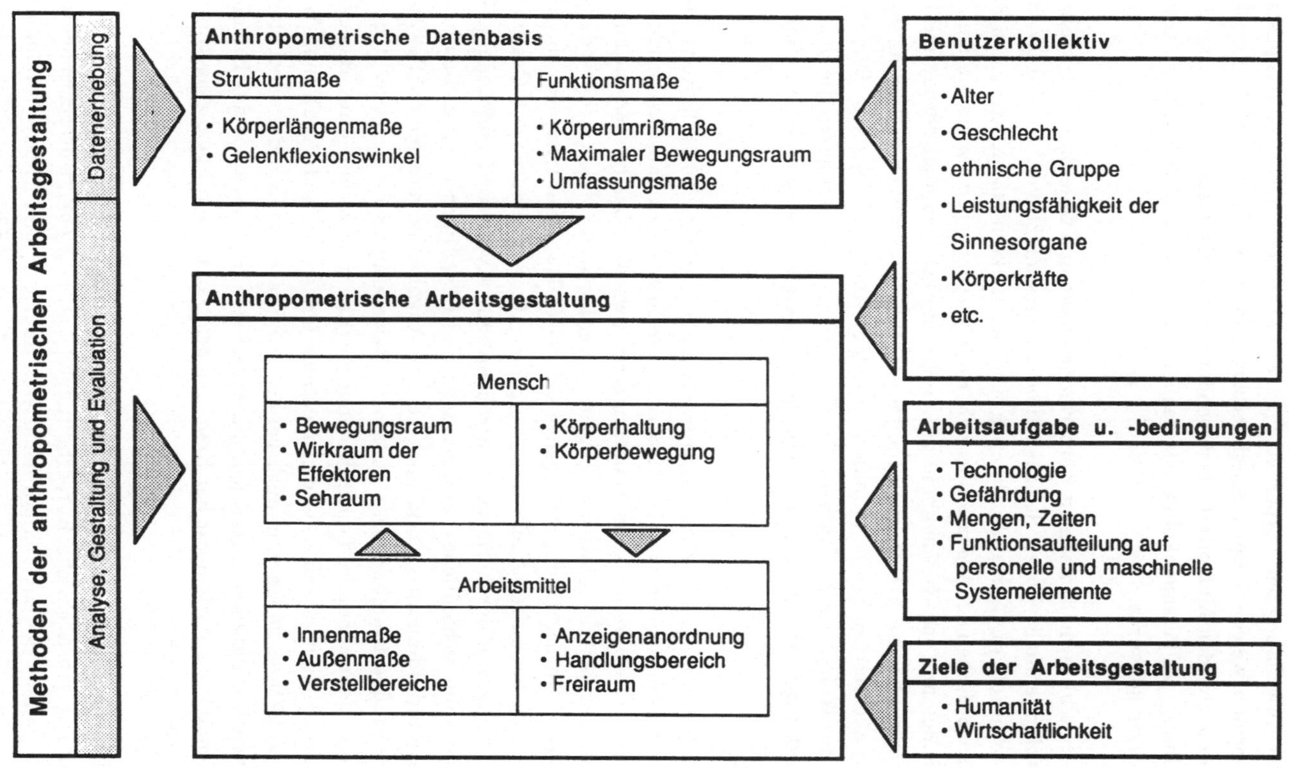

Bild 1:   Vorgehensweise bei der anthropometrischen Arbeitsgestaltung

Bei der Anwendung der Körpermaße für die anthropometrische Arbeitsgestaltung ist zu prüfen, welche Definitionen ihnen zugrundeliegen. Dazu gehört neben der Benennung und den Meßmitteln insbesondere das Meßverfahren /127/ und die Beschreibung des Personenkollektivs, das als Stichprobe bei der Maßermittlung zugrunde gelegt wurde.

Zu den Strukturmaßen zählen Körperlängenmaße und Gelenkflexionswinkel. Als Körperlängenmaße liegen Strecken- und Umfangsmaße vor. Als Streckenmaße können sowohl die Abstände zwischen Knochenpunkten am menschlichen Skelett als auch zwischen den Weichteilbereichen des Körpers herangezogen werden. Dabei ist die Messung von Knochenpunktabständen einfacher reproduzierbar und für die anthropometrische Arbeitsgestaltung ergeben sich verläßlichere Daten. Die Umfangsmaße beschreiben den Umfang einzelner Körperglieder unter Berücksichtigung der Weichteile des Körpers. Die Gelenkflexionswinkel geben die maximalen Auslenkungen einzelner Körperteile über die Gelenkverstellung in Winkelgrad wieder.

In der Gruppe der Funktionsmaße müssen die jeweilige Körperhaltung, die Bewegungsbahn einzelner Körperglieder, die Einflüsse durch aufzubringende Kräfte, etc. bei der Beschreibung der Maße angegeben werden. Das Körperumrißmaß, das aus einer Projektion des Körpers abgeleitet werden kann, ändert sich mit der eingenommenen Körperhaltung. So ergeben sich beispielsweise unterschiedliche Körperumrißmaße bei aufrechtem Sitzen und gebeugtem Sitzen durch den Übergang der Wirbelsäule von der Lordose (Hohlrücken) zur Kyphose (Rundrücken). Hinzu kommen unterschiedliche Verdichtungen und Längungen der Weichteilbereiche. Diese Randbedingungen sind auch bei der Angabe der maximalen Bewegungsräume maßbestimmend. Der maximale Bewegungsraum beschreibt den von Körpergliedern maximal überstreichbaren Raum während eines Bewegungsablaufes. Hierzu zählen u. a. der maximale Greifraum und Pedalraum. Wie bei allen Funktionsmaßen sind auch bei den Umfassungsmaßen die dabei zugrunde gelegten Bedingungen anzugeben. So ändert sich beispielsweise das Handumfassungsmaß bei unterschiedlicher Kopplung des Daumens mit dem Zeigefinger und dem Mittelfinger.

Werden bei der anthropometrischen Maßermittlung für die praktische Arbeitsgestaltung gebräuchliche Körperhaltungen und notwendige Körpermaße ausgewählt, können die mit Fehlern behafteten Summen- und Differenzbildungen von Einzelmaßen weitgehend vermieden werden. Bei der Addition und Subtraktion von Einzelmaßen ist insbesondere zu beachten, daß die Drehpunkte der Gelenke des

Menschen nicht fest lokalisiert werden können, sondern sich bei der Gelenkflexion ihre Lage relativ zu anderen Körperteilen verändert.

Auch nach einer Fraktionierung der Stichprobe, die der Maßerhebung zugrunde gelegt wurde, nach den oben angeführten Merkmalen Alter, Geschlecht, ethnische Gruppenzugehörigkeit und Körperkonstitution, zeigen die Körpermaße eine große Streuung. Sie sind einer Normalverteilung angenähert. Es ist dabei zu beachten, daß zur anthropometrischen Arbeitsgestaltung grundsätzlich keine Mediane herangezogen werden können. Es ist eine maßliche Anpassung der Arbeitsmittel und deren Anordnung an möglichst alle Mitglieder eines Benutzerkollektivs anzustreben. Aus Gründen der Praktikabilität und Wirtschaftlichkeit werden deshalb bei der Standardgestaltung lediglich die häufigsten Ausprägungen eines Körpermaßes auf der Basis einer Perzentilabgrenzung des Benutzerkollektivs herangezogen. Ein Perzentilwert gibt an, wieviel Prozent der Personen einer Stichprobe bezüglich eines Körpermaßes kleinere Ausprägungen aufweisen als der jeweils angegebene Perzentilwert /127/. Die gebräuchlichsten Grenzen bei der anthropometrischen Arbeitsgestaltung sind das 5. und das 95. Perzentil.

Die Vereinfachung der anthropometrischen Arbeitsgestaltung durch eine derartige Fraktionierung zeigt sich insbesondere darin, daß damit einerseits die Körpermaße von 90 % des Benutzerkollektivs, jedoch andererseits nur ca. 25 % der Variationsbreite des jeweiligen Körpermaßes berücksichtigt werden. Das hat allerdings zur Folge, daß für jene Arbeitspersonen, die durch eine derartige Perzentilaufteilung aus der Standardgestaltung ausgegrenzt werden, eine Sonderanpassung an ihre individuellen Körpermaße durchgeführt werden muß. Dies gilt nicht nur für besonders kleinwüchsige und große Personen, sondern insbesondere auch für Leistungsgewandelte (Bsp.: Körperbehinderte, Schwangere, etc.).

Innerhalb der anthropometrischen Arbeitsgestaltung wird unter Anwendung der anthropometrischen Datenbasis des zu betrachtenden Benutzerkollektivs und Berücksichtigung der Arbeitsaufgabe, -bedingungen sowie der gewählten Zielsetzung die Mensch-Arbeitsmittel-Schnittstelle gestaltet (vgl. Bild 1). Dabei ist zu berücksichtigen, daß Struktur- und Funktionsmaße in der Regel an unbekleideten Menschen erhoben werden. Hier sind Zuschläge für Bekleidung, Schuhwerk und eventuell notwendige Sonderausrüstungen (Bsp. Schutzhelm) vorzusehen.

Bei vorgegebenen Körperhaltungen und -bewegungen wird der vom Benutzerkollektiv benötigte Bewegungsraum definiert. Dieser Bewegungsraum ist eine Teilmenge des maximalen Bewegungsraumes. Er wird benötigt, um innerhalb eingenommener Körperhaltungen die notwendigen und physiologisch empfehlenswerten Bewegungen ausführen zu können. Innerhalb dieses Bewegungsraumes wird der Wirkraum der Effektoren (Bsp. Greifraum, Pedalraum) festgelegt. Dabei ist zu berücksichtigen, daß von der isolierten Bewegung eines Körperelementes, über die zumeist Basisdaten vorliegen /125/, die in der Praxis gebräuchlichen Körperbewegungen zu unterscheiden sind, an denen eine kinematische Kette beteiligt ist. Der Sehraum ist jener Bereich, der von der Sehachse durch die Bewegung des Kopfes und der Augen überstrichen werden kann. Er wird für die räumliche Anordnung der Informationsquellen bei der anthropometrischen Arbeitsgestaltung herangezogen.

Die Festlegung der Maße der Arbeitsmittel im Rahmen der anthropometrischen Arbeitsgestaltung erfolgt interaktiv mit der Festlegung des Bewegungsraums für den menschlichen Körper, des Wirkraums für die Effektoren und des Sehraums für die visuelle Informationsaufnahme. Das Zusammenwirken von Mensch und Arbeitsmittel wird Mensch-Arbeitsmittel-Interaktion genannt.

So werden bei der Standardgestaltung die Innenmaße der Arbeitsmittel von den relevanten Körpermaßen des 95. Perzentils festgelegt, die Außenmaße von denen des 5. Perzentils. Verstellbereiche an Arbeitsmitteln sind immer dann vorzusehen, wenn über die grenzwertorientierte Innen-/Außenmaßbetrachtung kein beanspruchungsoptimierter Arbeitsvollzug möglich ist. Über die vom Benutzerkollektiv vorgegebenen Bewegungsräume werden die Freiräume an den Arbeitsmitteln bemaßt. Aus den Wirkräumen der Effektoren und dem Sehraum werden der Handlungsbereich und die Anzeigenanordnung am Arbeitsmittel festgelegt.

Die Dimensionierung der Mensch-Arbeitsmittel-Schnittstelle ist ein iterativer Optimierungsprozeß, der ein hohes Maß an ergonomischem Sachverstand bedingt. Zur Unterstützung dieses Optimierungsprozesses innerhalb der anthropometrischen Arbeitsgestaltung wurden spezifische Methoden entwickelt. Diese Methoden dienen der Ergänzung der Datenbasis, der Analyse, der Gestaltung und der Evaluation von Arbeitsmitteln. Dabei gibt es nur wenige Methoden, die diesen vier Aufgabenbereichen der anthropometrischen Arbeitsgestaltung umfassend gerecht werden. In der Regel sind sie nur zur Lösung eines Aufgabenbereichs geeignet. Darüber hinaus können sie in unterschiedlichen Stadien des Entwicklungs- und Konstruktionprozesses eingesetzt werden. Die Klassifizierungsansätze für bestehende Methoden der anthropometrischen Arbeitsgestaltung werden in Kapitel 4 diskutiert.

3   Zielsetzung und Vorgehensweise zur Entwicklung und Bewertung der CAD-Video-Somatographie

Das Ziel der vorliegenden Arbeit ist, eine neue Methode zur anthropometrischen Arbeitsgestaltung - die CAD-Video-Somatographie (CADVS) - zu entwickeln und zu bewerten. Dafür werden die notwendigen Systemkomponenten und Einsatzbedingungen beschrieben. Weiterhin werden die damit erreichten qualitativen und quantitativen Verbesserungen gegenüber den bestehenden Methoden aufgezeigt. Damit soll ein Beitrag zur konzeptiven anthropometrischen Arbeitsgestaltung geleistet werden, der es insbesondere Konstrukteuren, Arbeitsplanern und -gestaltern ermöglicht, in einem frühen Stadium der Entwicklung und Konstruktion von Arbeitsmitteln mit CAD-Systemen auf eine hierfür besonders geeignete Methode zugreifen zu können. Die CADVS soll durch ihren Einsatz in Wissenschaft und Praxis dazu beitragen, gesundheitliche Schädigungen und Beeinträchtigungen zu vermeiden, die Belastungen und Beanspruchungen zu reduzieren und damit das Wohlbefinden, die Leistungsfähigkeit und -bereitschaft bei der Arbeit zu erhalten, bzw. zu verbessern.

Das Ziel dieser Arbeit soll durch die in Bild 2 dargestellte Vorgehensweise erreicht werden. Die CADVS soll das bereits bestehende Methodeninventar der anthropometrischen Arbeitsgestaltung nicht lediglich um eine weitere ergänzen, sondern Defizite derzeit bestehender Methoden abbauen und damit zu einer Methodenverbesserung beitragen. Es wird hierbei so vorgegangen, daß zunächst die Methoden der anthropometrischen/ Arbeitsgestaltung nach ihren Anwendungsgebieten klassifiziert und eingeordnet werden. Dann wird ein typischer Vertreter jeder Klasse kurz beschrieben. Aus diesem Methodenspektrum werden nun diejenigen ausgewählt, die den Anforderungen aus Entwicklung und Konstruktion sowie der konzeptiven ergonomischen Arbeitsgestaltung gerecht werden. Diese Methoden werden dann anhand von qualitativen und quantitativen Kriterien bewertet. Der Methodenvergleich erfolgt dabei über eine nutzwertanalytische und kostenmäßige Betrachtung. Zusammenfassende Aussagen können schließlich über den hierfür definierten Methodenwert gemacht werden. Der Methodenvergleich berücksichtigt unterschiedliche Anwendungsbedingungen, wie Häufigkeit der Anwendung einer Methode, Anforderungen an Genauigkeit und Schnelligkeit, sowie verschiedene Analyse- und Gestaltungsaufgaben, bei denen überwiegend statische oder dynamische Anforderungen zu berücksichtigen sind. Aus den Ergebnissen des analytischwertenden Methodenvergleichs werden Anforderungen an neue Methoden zur anthropometrischen Arbeitsgestaltung abgeleitet.

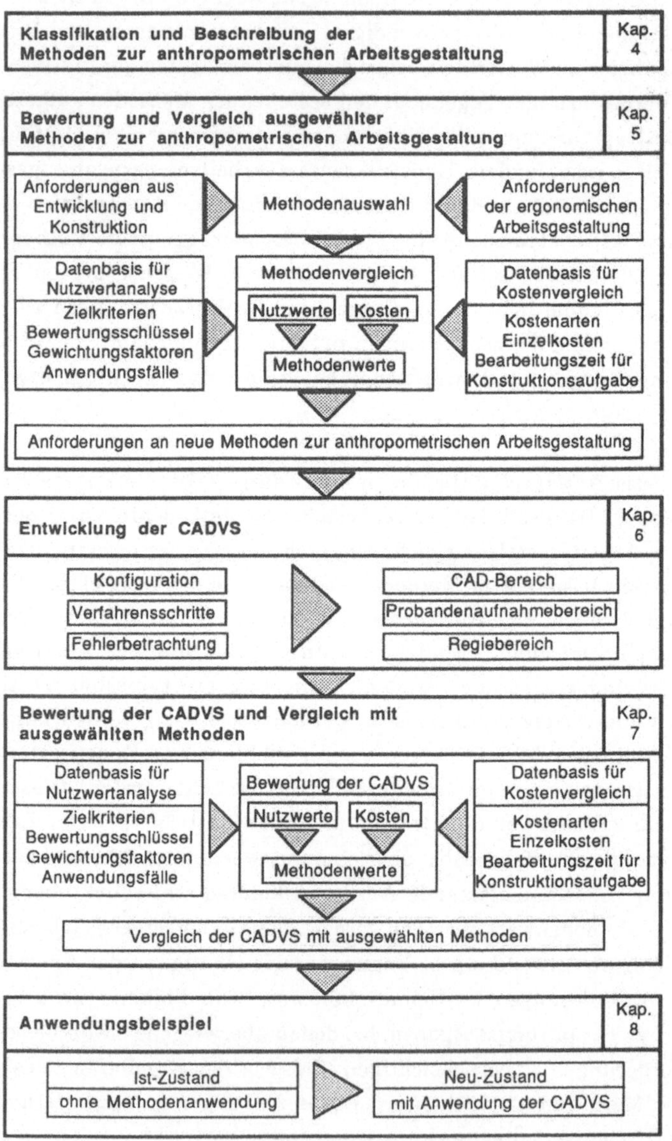

Bild 2:   Vorgehensweise zur Entwicklung und Bewertung der CADVS

Sie bilden die Grundlage für die Entwicklung der CADVS. Sie wird anschließend ausführlich beschrieben. Das beinhaltet insbesondere die erforderliche Hard- und Software-Konfiguration und deren Anordnung zu einem funktionalen Laboraufbau. Weiter werden die erforderlichen Verfahrensschritte zur Anwendung der Methode beschrieben. Die Methode der CADVS modelliert reale Arbeitsbedingungen und -mittel und simuliert reale Arbeitsabläufe. Daher ist es erforderlich, die möglichen Fehlerquellen anzugeben. Es sind dies vor allem Fehler des technischen Systems und probanden- und benutzerspezifische Fehler. Sie sind sowohl qualitativ als auch quantitativ zu beschreiben. Weiter sollten die Anwendungsgebiete und die Einsatzgrenzen der entwickelten Methode angegeben werden.

Anschließend wird die neuentwickelte Methode CADVS anhand des bereits vorgestellten Bewertungsverfahrens beurteilt und mit ausgewählten Methoden zur anthropometrischen Arbeitsgestaltung verglichen. Dieser Methodenvergleich erlaubt dann eine detaillierte und zusammenfassende Aussage über Nutzen und Kosten bei der Anwendung der Methoden. Er gibt zugleich einen aussagefähigen Hinweis auf die zu erwartende Qualität der gestalteten Mensch-Arbeitsmittel-Schnittstelle. Eine quantifizierbare Aussage über die zu erwartende Belastungs-/Beanspruchungssituation durch die anthropometrische Arbeitsgestaltung ist damit jedoch nicht möglich. Denn es lassen sich auch bei der Fülle unterschiedlicher Gestaltungsaufgaben keine methodenspezifischen Unterschiede feststellen, die einer Verallgemeinerung zugeführt werden können. Die Qualifikation und die Erfahrung des Methodenanwenders sind weitere wichtige Einflußgrößen.

Das Anwendungsbeispiel beschränkt sich daher auf den exemplarischen Einsatz der CADVS an einem ausgewählten industriellen Arbeitsplatz. Hierzu wurde ein repräsentativer Warmumformarbeitsplatz ausgewählt und unter Anwendung der CADVS analysiert und neu gestaltet. An diesem Anwendungsfall sollen die Vorgehensweise und die erreichbaren Ergebnisse beispielhaft dargestellt werden. Die dabei ereichten Verbesserungen werden hierbei beschrieben.

Innerhalb dieses Kapitels werden bestehende Methoden der anthropometrischen Arbeitsgestaltung klassifiziert und Repräsentanten einzelner Gruppen kurz beschrieben. Die Auswahl der Repräsentanten erfolgte nach den Kriterien der Anwendungshäufigkeit, Erfahrungen im praktischen Einsatz und zukünftig zu erwartender Bedeutung. Für weiterführende Informationen zu den Methoden wird auf die Literatur verwiesen.

4.1   Klassifizierung bestehender Methoden

Die Methoden der anthropometrischen Arbeitsgestaltung sollen Konstrukteure, Arbeitsplaner und -gestalter bei der Dimensionierung der Mensch-Arbeitsmittel-Schnittstelle unterstützen. Zur Klassifikation dieses Methodeninventars gibt es in Forschung und Praxis erst wenige Ansätze. Bachmeier /2/ schlägt eine Klassifikation der Methoden in analytisch-orthodoxe, analytisch-experimentelle und synthetisch-darstellende vor. Dabei wird jede dieser drei Methodengruppen wiederum in direkt messende (direkt am menschlichen Körper), indirekt messende (über Datenträger wie Photoaufnahmen) und solche mit Rechnereinsatz unterteilt. Unter analytisch-orthodoxen Methoden werden solche zur Erhebung von reinen Körpermaßen nach herkömmlichen und standardisierten Verfahren verstanden. Analytisch-experimentelle Methoden dienen der Erhebung von Funktionsmaßen, der Analyse physiologischer Parameter und dem Bewegungsstudium. Synthetisch-darstellende Methoden bieten eine gegenständliche, vereinfachte Darstellung der menschlichen Gestalt, wobei die Modellierung vorwiegend synthetisch aus bekannten Körpermaßen der klassischen Anthropometrie erfolgt. Synthetisch-darstellende Methoden mit Rechnereinsatz bilden dabei die Computeranthropometrie. Nach Kroemer et al. /77/ können die auf der rechnerunterstützten Modellierung des Menschen basierenden Methoden in drei Gruppen unterteilt werden. Es sind dies die anthropometrischen Modelle, die biomechanischen Modelle und die Modelle der Mensch-Maschine-Schnittstelle.

In dieser Arbeit wird eine eigene Klassifikation des Methodeninventars vorgenommen. Sie unterscheidet zwischen probanden- und modellorientierten Methoden und berücksichtigt die in Bild 1 dargestellte Vorgehensweise bei der anthropometrischen Arbeitsgestaltung. Damit wird eine praxisgerechte Auswahl von Methoden für bestimmte Aufgabenbereiche möglich. Die Zuordnung einzelner Methoden der anthropometrischen Arbeitsgestaltung zu dieser Klassifikation ist in Bild 3 ausgeführt.

Die probandenorientierten Methoden arbeiten unter Einbezug von Menschen. Sie greifen dabei entweder direkt (z. B. berührend) oder indirekt (z. B. berührungslos oder unter Verwendung eines photografischen Abbildes) auf den Menschen zu. Jede dieser Methodengruppen kann wiederum nach statischer (ohne Bewegung des Probanden) oder dynamischer (Berücksichtigung von Bewegungsabläufen) Anwendung unterteilt werden. Dabei ist zu berücksichtigen, daß dynamische stets auch statische Anwendungen erlauben.

Im Gegensatz hierzu verwenden modellorientierte Methoden konventionelle oder rechnerunterstützte Modelle des Menschen bei der Anwendung. Diese Modelle können in numerische oder graphische (2-dimensional oder 3-dimensional) untergliedert werden. Graphische Menschmodelle können dabei wiederum in solche für statische und dynamische Anwendungen unterteilt werden.

Neben dieser Gruppierung werden die Methoden danach unterteilt, ob sie vornehmlich der Datenerhebung, Analyse, Gestaltung oder Evaluation dienen. Die Methoden zur Datenerhebung liefern Angaben zu Struktur- und Funktionsmaßen des Benutzerkollektivs (in Ausnahmefällen von Individuen) und dienen damit der Generierung und Ergänzung der anthropometrischen Datenbasis. Hierzu zählen ausschließlich probandenorientierte Methoden. Die Umsetzung dieser Daten bei der Dimensionierung der Mensch-Arbeitsmittel-Schnittstelle innerhalb der Entwicklung und Konstruktion wird i. d. R. von den Methoden zur Analyse, Gestaltung und Evaluation übernommen.

Innerhalb der anthropometrischen Gestaltung von Arbeitsmitteln werden Analysemethoden immer dann eingesetzt, wenn beispielsweise im Rahmen der Variantenkonstruktion von bestehenden Konstruktionszeichnungen ausgegangen wird. Diese Methoden dienen der Überprüfung der Mensch-Arbeitsmittel-Schnittstelle und geben damit auch Hinweise zur Gestaltung. Die Gestaltungsmethoden erlauben es, ausgehend von Struktur- und Funktionsmaßen, die Dimensionierung der Mensch-Arbeitsmittel-Schnittstelle innerhalb der Entwicklung und Konstruktion vorzunehmen. In der Regel sind diese Gestaltungsmethoden auch für die Analyse geeignet. Diesen beiden Methodengruppen ist es gemeinsam, daß sie auf Skizzen und Zeichnungen von Arbeitsmitteln angewandt werden. Im Gegensatz hierzu untersuchen die Evaluationsmethoden die Mensch-Arbeitsmittel-Schnittstelle an Modellen, Prototypen oder fertigen Produkten.

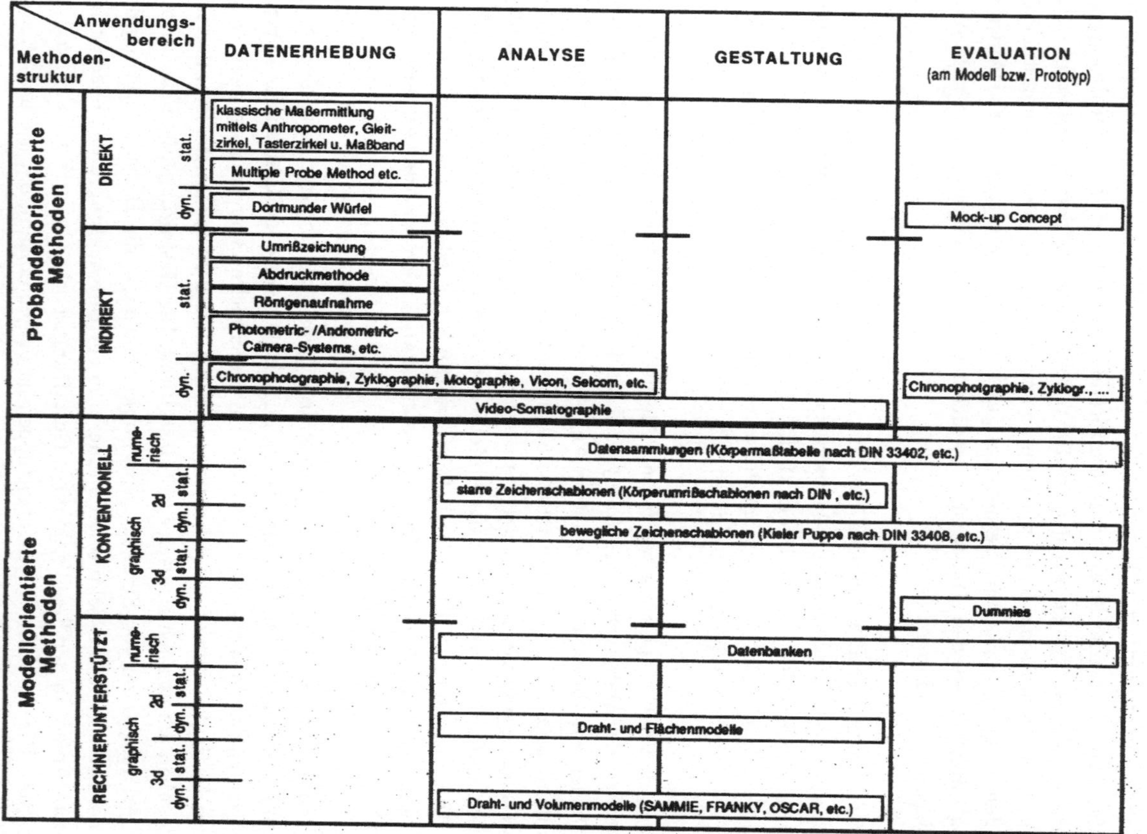

Bild 3:   Klassifikation bestehender Methoden zur anthropometrischen Arbeitsgestaltung

4.2   Beschreibung ausgewählter Methoden

4.2.1   Probandenorientierte Methoden

Die Mehrzahl der Methoden, die unter Einbezug von Menschen angewandt werden, dienen der Datenerhebung. Für die anthropometrische Arbeitsgestaltung werden sie immer dann benötigt, wenn keine oder nicht ausreichende Daten über das Benutzerkollektiv vorliegen. Sie stellen damit Struktur- und Funktionsmaße zur Verfügung. Für die Analyse und Gestaltung von Arbeitsmitteln kann innerhalb dieser Methodengruppe lediglich eine indirekt-dynamische Methode, die Video-Somatographie, eingesetzt werden. Zur Evaluation sind wiederum mehrere direkte und indirekte Methoden geeignet, die teilweise auch für die Datenerhebung angewandt werden. Nachfolgend werden typische Vertreter der in Bild 3 aufgeführten direkten und indirekten probandenorientierten Methoden vorgestellt.

4.2.1.1 Direkte Methoden

Die in dieser Gruppe zusammengefaßten Methoden werden ausschließlich für die Datenerhebung und zur Evaluation eingesetzt. Für die Datenerhebung stellen die Multiple Probe Method und der Dortmunder Würfel je einen typischen Vertreter für statische und dynamische Anwendungsfälle dar.

Bei der Multiple Probe Method /50, 99/ werden Struktur- und Funktionsmaße ohne Körperbewegungen der Versuchsperson (statisch) erhoben. Während der Messung wird die Versuchsperson in der gewünschten Haltung und Bekleidungsform in einer räumlichen Rahmenstruktur positioniert. Dieses den Probanden umschließende Meßgestell trägt eine große Zahl verschieblich gelagerter Sonden. Jede der Sonden bleibt bei einer horizontalen oder vertikalen Verschiebung in Richtung auf die zu vermessende Person parallel. Die Sonden sind in gleichen Abständen zueinander angeordnet. Berührt eine Sonde den Probanden, wird die Sondenposition erfaßt.

Auf diese Weise lassen sich sowohl einzelne Partien bzw. Ebenen als auch die Gesamtheit der Oberfläche des menschlichen Körpers abtasten. Die Multiple Probe Method wird vornehmlich für die Erhebung von Funktionsmaßen eingesetzt. Bild 4 zeigt beispielhaft die Anwendung der Methode bei der Ermittlung des Bewegungsraums "Armreichweite".

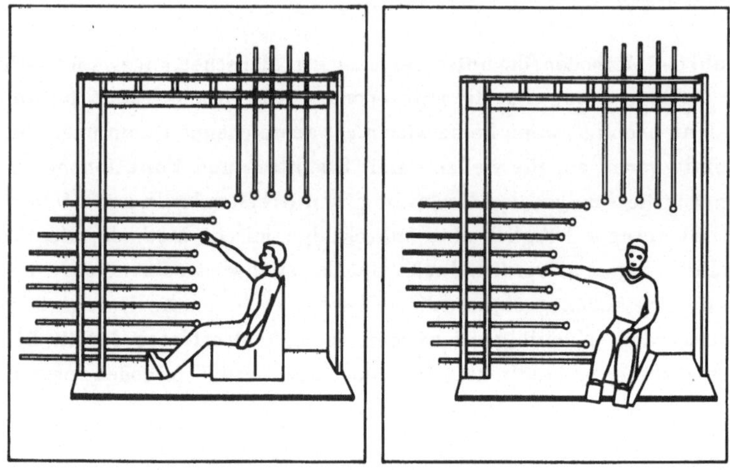

Bild 4:   Messung der Armreichweite mit der Multiple Probe Method /102/

Im Gegensatz zu dieser Methode erlaubt der an der Bundesanstalt für Arbeitsschutz in Dortmund entwickelte Dortmunder Würfel /78/ die Erhebung von Körpermaßen unter Berücksichtigung von Bewegungsabläufen. Der Dortmunder Würfel stellt einen aus zwölf Stahlrohren gleicher Länge zusammengefügten Koordinatenmeßwürfel dar. In ihm können die Lage einzelner Körpermeßpunkte von Versuchspersonen im Raum ermittelt werden sowie Verschiebungen zweier Punkte relativ zueinander bei langsamen Bewegungen. Die Verbindung dieser bewegten Punkte mit je drei raumfesten Bezugspunkten am Würfel kann über mechanische (z. B. Seilzüge), optische oder akustische Einrichtungen erfolgen. Insbesondere dann, wenn Bewegungseinschränkungen auftreten, wie dies bei Leistungsgewandelten, wie älteren Menschen, Personen mit erworbener oder angeborener körperlicher Behinderung oder beim Tragen schwerer Schutzkleidung der Fall ist, liefert diese Methode die für die Konstruktion notwendigen Funktionsmaße. Bild 5 zeigt in diesem Zusammenhang schematisch eine Situation bei der Untersuchung von Schutzanzügen hinsichtlich ihrer einengenden Wirkung auf den Bewegungsraum des Trägers. Eine detaillierte Beschreibung mit weiteren Anwendungsbeispielen findet sich in /78/.

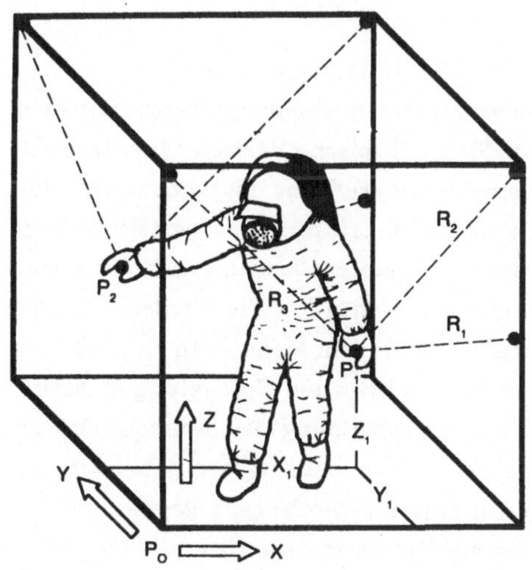

Bild 5:   Schematische Anwendung des Dortmunder Würfels /78/

Neben der Datenerhebung können direkte probandenorientierte Methoden auch zur Evaluation eingesetzt werden. Für die Evaluation der an Modellen im Original-maßstab gestalteten Mensch-Arbeitsmittel-Schnittstelle eignet sich das Mock-up Concept. Unter dem Begriff "Mock-up" versteht man eine Einrichtung zur Simula-tion von Objekten und Vorgehensweisen, welche die real dreidimensionale Darstel-lungsform des Modellbaus gebraucht, indem es Oberflächen und mechanische Be-wegungen nachbildet und/oder für Arbeitsplätze bzw. Maschinen charakteristische Kraftwirkungen erzeugt. Solche stofflichen Nachbildungen werden gewöhnlich aus preiswerten und leicht zu bearbeitenden Werkstoffen hergestellt. Innerhalb der an-thropometrischen Arbeitsgestaltung wird das Mock-up Concept eingesetzt, um an-hand eines Individuums, extremen Repräsentanten eines Benutzerkollektivs (z. B. 95. Perzentil) bzw. einer repräsentativen Stichprobe die Mensch-Arbeitsmittel-Schnittstelle zu überprüfen und ggf. daraus Gestaltungsanforderungen abzuleiten. Die auf diese Weise gewonnenen Resultate werden im allgemeinen als Beschrei-bungen formuliert, welche die Güte der Zweckerfüllung eines Arbeitsmittels beim Gebrauch durch den Menschen widerspiegeln /99/.

4.2.1.2 Indirekte Methoden

Indirekte probandenorientierte Methoden erzeugen ein Abbild der Versuchsperson oder speziell markierter Punkte an deren Körper. Typische Vertreter für statische Anwendungen bei der Datenerhebung sind photografische Methoden, wie das Photo-Metric Camera System. Durch den in Bild 6 prinzipiell dargestellten Versuchsaufbau mit einer Kombination starr ausgerichteter Spiegel, synchronisierter Elektronenblitze sowie einer Photokamera wird es möglich, die Vorder-, Seiten- und Rückansicht der Versuchsperson gemeinsam mit dem Maßstab in einem Photo festzuhalten. Dabei wirken sich die aus den mehrfachen Spiegelungen resultierenden langen Strahlengänge positiv auf die Abbildung der 3-dimensionalen Person in ihr 2-dimensionales Abbild aus. Die Körpermaße werden dabei von der Photografie abgenommen. Abweichungen dieses Meßverfahrens gegenüber der direkten Messung mit geeichten Maßstäben am Menschen liegen bei ca. 0,1% /99/.

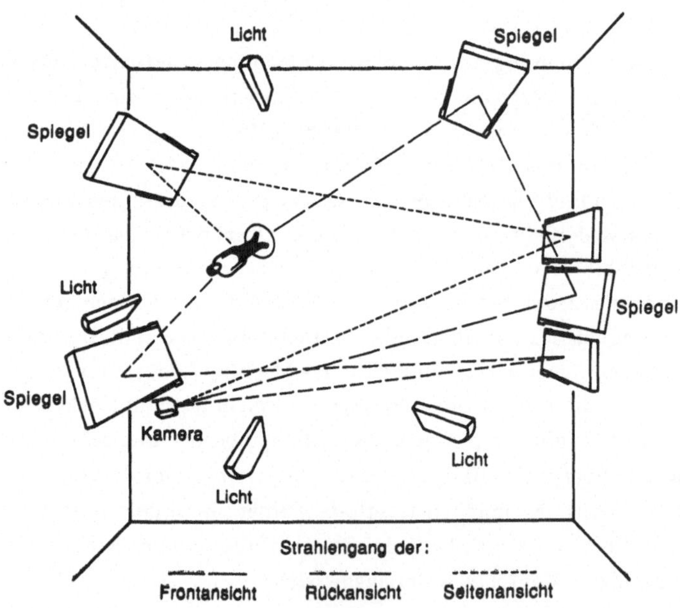

Bild 6:   Raumlayout der Methode Photo-Metric Camera System nach /99/

Zur Berücksichtigung von Körperbewegungen bei der Datenerhebung kommen überwiegend Methoden zum Einsatz, bei denen einzelne Körperpunkte der Ver-

suchsperson besonders markiert und aufgezeichnet werden. Aufgrund der hohen
Datenmengen bei dynamischen Anwendungen kann damit eine Datenreduktion erreicht werden. Ein Repräsentant dieser Methodengruppe, der sowohl für die Datenerhebung als auch zur Evaluation eingesetzt werden kann, ist die Motographie. Sie
ist eine photografische Methode zur Aufzeichnung von Bewegungsabläufen in Form
von Lichtspuren. Da das Verfahren in einer mit sichtbarem Licht beschienenen
Umgebung anwendbar ist, d. h. nicht wie die Zyklographie in (absoluter) Dunkel-
heit arbeitet, bleiben die Bewegungsabläufe natürlich und unverfälscht.

An der Versuchsperson werden ausgewählte Punkte mit kleinen Strahlern (z. B. IR-
aktive Glühbirnchen) oder Fluoreszenz-Plättchen (beim UV/BA-Verfahren) ver-
sehen, deren Licht den jeweiligen Filter der Kamera ungehindert passieren kann.
Nach Verschlußöffnungszeiten zwischen wenigen Sekunden und ca. einer Stunde
zeigen die Filmnegative die Lageveränderungen der markierten Leuchtpunkte als
Lichtspuren. Um Zeit, Geschwindigkeit, Beschleunigung und Beschleunigungs-
änderung zu ermitteln, läßt man die Strahler in einer definierten Frequenz blinken.
Bei entsprechend ausgeführter Belichtungsmessung besteht ferner die Möglichkeit,
neben den reinen Lichtspuren mittels Blitzgeräten den gesamten Körper der
Versuchsperson während ausgewählter Bewegungssequenzen aufzunehmen. Anhand des erhaltenen Bildmaterials lassen sich Funktionsmaße erheben oder die
Mensch-Arbeitsmittel-Schnittstelle an Modellen und Prototypen im Original-
maßstab evaluieren. Die Ergebnisse können dann für die Konstruktion und Gestaltung umgesetzt werden. Für umfassendere Informationen zur Motographie und
ihren Anwendungsgebieten wird auf die Literatur /12, 13, 14/ verwiesen.

Als einzige probandenorientierte Methode für die Analyse und Gestaltung der
Mensch-Arbeitsmittel-Schnittstelle im Skizzen- und Zeichnungsstadium kann die
Video-Somatographie eingesetzt werden. Sie ist darüber hinaus auch für die Datenerhebung geeignet und ist somit eine sehr universell einsetzbare Methode. Das Abbild der Versuchsperson wird dabei videotechnisch erstellt. Das Funktionsprinzip
beruht auf der Möglichkeit, mit Hilfe von Video-Mischgeräten einzelne Videobilder
zu mischen oder zu überblenden. Dabei wird das Videobild einer Versuchsperson
mit dem einer Skizze oder technischen Zeichnung des Arbeitsmittels (z. B. Arbeitsplatz) zu einer maßstäblichen Gesamtdarstellung zusammengeführt (vgl. Bild
7). Das Mischbild wird auf einem oder mehreren Monitoren dargestellt und dient
der Versuchsperson zur visuellen Orientierung an dem fiktiven Arbeitsplatz und
dem Konstrukteur oder Arbeitsplaner zur Analyse und Gestaltung der Mensch-
Arbeitsmittel-Schnittstelle. Über den Einsatz von mehreren Videokameras können

alle drei Ansichten einer technischen Zeichnung bei der Methodenanwendung einbezogen werden.

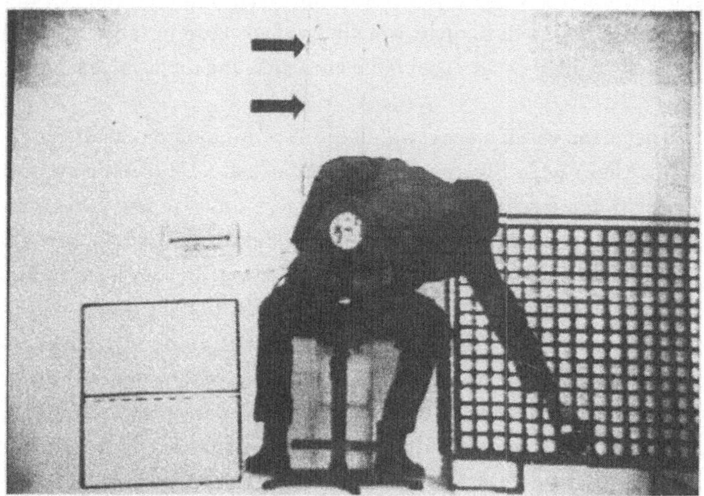

Bild 7:   Analyse eines Arbeitsplatzes in der Teilefertigung mit der Video-Somatographie /85/

Mittels der an der Videokamera installierten Varioobjektive können bei geeigneter Auswahl der Versuchsperson die gewünschten Körpermaßperzentile im Verhältnis zur Skizze oder Zeichnung des Arbeitsmittels erzeugt werden. Dabei werden die Körpermaße an die anthropometrische Datenbasis des Benutzerkollektivs angepaßt. Sollen Arbeitsmittel für Individuen (z. B. Rollstuhlfahrer) gestaltet werden, oder liegt keine anthropometrische Datenbasis des Benutzerkollektivs vor (z. B. Körperbehinderte), so können mit dieser Methode die notwendigen Daten erhoben und direkt für die Gestaltung umgesetzt werden. Hierfür müssen die Versuchspersonen eine repräsentative Stichprobe des Benutzerkollektivs darstellen. Von besonderer Bedeutung dieser Methode ist der Einbezug eines realen Menschen ohne jegliche Vereinfachung hinsichtlich seiner Körperproportionen und Bewegungsabläufe. Ausführliche Informationen über die Video-Somatographie mit Anwendungsbeispielen finden sich in /9, 10, 11, 29, 48, 85, 87/.

4.2.2   Modellorientierte Methoden

Modellorientierte Methoden benutzen die am Menschen erhobenen Struktur- und Funktionsmaße zur graphischen Modellierung des menschlichen Körpers oder stellen diese in Form von numerischen Datensammlungen zur Verfügung. Entsprechend der in Bild 3 vorgenommenen Klassifikation können sie damit zu Analyse, Gestaltung oder Evaluation der Mensch-Arbeitsmittel-Schnittstelle angewandt werden. Die Modellierung oder Datensammlung kann dabei konventionell oder rechnerunterstützt erfolgen. Für jede dieser beiden Methodengruppen werden nachfolgend typische Vertreter kurz vorgestellt.

4.2.2.1 Konventionelle Methoden

Zu den numerischen konventionellen Methoden zählen anthropometrische Datensammlungen wie die Körpermaßtabelle nach DIN 33402. In der DIN 33402 sind die für die anthropometrische Arbeitsgestaltung wichtigsten Struktur- und Funktionsmaße enthalten. Es sind mehr als 40 gemittelte unterschiedliche Körpermaße von Personen zwischen 16 und 60 Jahren sowie ausländischen Arbeitnehmern in der Bundesrepublik Deutschland, geordnet nach Geschlecht und Perzentilwert aufgeführt. Die Maße werden für die Körpergrundhaltungen "sitzen aufrecht" und "stehen aufrecht" angegeben. Für Varianten dieser Körperhaltungen (z. B. "sitzen gebeugt") müssen die Maße erst errechnet oder zum Teil abgeschätzt werden. Da die Maße an unbekleideten Personen erhoben wurden, sind Zuschläge für Bekleidung und Schuhwerk vorzusehen. Die Datensammlungen können sowohl für die Analyse wie Gestaltung als auch Evaluation von Arbeitsmitteln eingesetzt werden. Für die meisten der folgend beschriebenen Methoden lieferten Datensammlungen die Entwicklungsgrundlage. Für weitere Informationen zu Körpermaßtabellen und deren Anwendung wird auf die Literatur /17, 59, 64, 67, 68, 93, 98, 111, 127, 128/ verwiesen.

Zu den konventionellen graphischen 2-dimensionalen Methoden zur Analyse und Gestaltung der Mensch-Arbeitsmittel-Schnittstelle zählen die Zeichenschablonen. Sie können auf Skizzen und Konstruktionszeichnungen der Maßstäbe 1:10, 1:5 und 1:1 angewandt werden. Typische Vertreter von statischen Methoden sind die starren Körperumrißschablonen nach DIN 33416. Die aus transpartentem Kunststoff gefertigten Schablonen sind im Maßstab 1:10 (teilweise im Maßstab 1:5) für das 5., 50. und 95. Perzentil männlich und weiblich erhältlich. In Anlehnung an die Vorgehensweise beim technischen Zeichnen liefern die Schablonen die Draufsicht, Seiten- und Vorderansicht des modellierten Körperumrisses. Eine Seitenansicht ist beispielhaft in Bild 8 dargestellt. Als zusätzliche Gestaltungshilfen tragen die Schablonen Markierungen der idealisierten Gelenkmittelpunkte, auf diese bezogene Winkelangaben für die maximalen Auslenkungen einzelner Gliedmaße, den Augenmittelpunkt sowie den zugehörigen Blicklinienbereich. Die in den Schablonen dargestellten Gelenke sind stark idealisiert. Sie werden als Scharnier- oder Kugelgelenke dargestellt. Für jede Änderung der Körperhaltung oder Auslenkung einzelner Extremitäten werden neue Zeichnungen erforderlich. Weiterführende Informationen zu dieser Methode und deren Einsatz können der Literatur /16, 28, 39, 107, 123, 130/ entnommen werden.

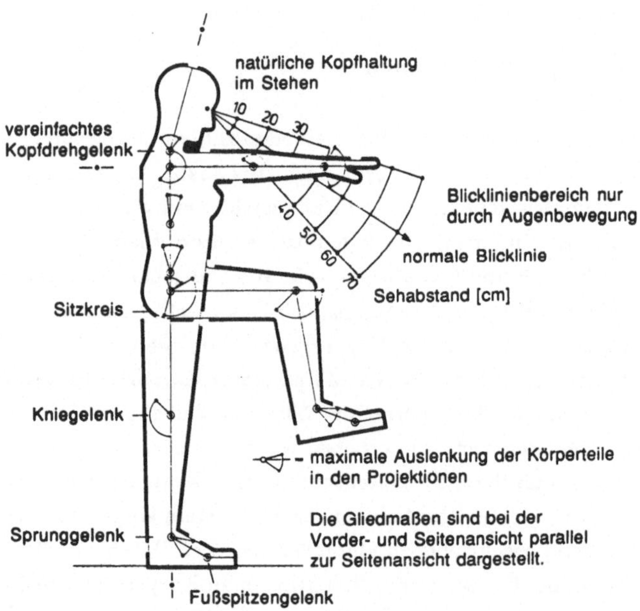

Bild 8:   Körperumrißschablone in der Seitenansicht; 5. Perzentil weiblich /123/

Im Gegensatz zu starren können bewegliche Zeichenschablonen die Auslenkung einzelner Extremitäten und Veränderungen der Körperhaltung über Verstellmöglichkeiten direkt an der Schablone (dynamisch) darstellen. Die nach ihrem Entstehungsort benannte Kieler Puppe ist ein typischer Vertreter dieser Methodengruppe. Die Kieler Puppe ist eine Körperumrißschablone, von der eine Draufsicht, Seiten- und Vorderansicht im Maßstab 1:5 und 1:1 erhältlich ist. Für die sitzende Körperhaltung ist sie in der DIN 33408 genormt. Die Kieler Puppe unterscheidet sich von der Körperumrißschablone nach DIN 33418 insbesondere durch eine realitätsnähere Modellierung der menschlichen Gelenkverstellmöglichkeiten und des Körperumrisses. Aufgrund der in der Schablone integrierten Gelenkverstellungen können quasi-dynamische Abläufe innerhalb der Analyse von Arbeitsmitteln berücksichtigt werden. Für die Dokumentation dieser Bewegungen sind jedoch ebenfalls einzelne Zeichnungen zu jeder Position der Extremitäten anzufertigen. Die Kieler Puppe kann sowohl für die Analyse und Gestaltung der Mensch-Arbeitsmittel-Schnittstelle als auch zu deren Evaluation an Modellen und Prototypen im Maßstab 1:1 angewandt werden. Weitere Informationen zu dieser Methode finden sich in /39, 63, 65, 124, 129/. In Bild 9 ist eine Seitenansicht der Kieler Puppe des sitzenden Menschen dargestellt.

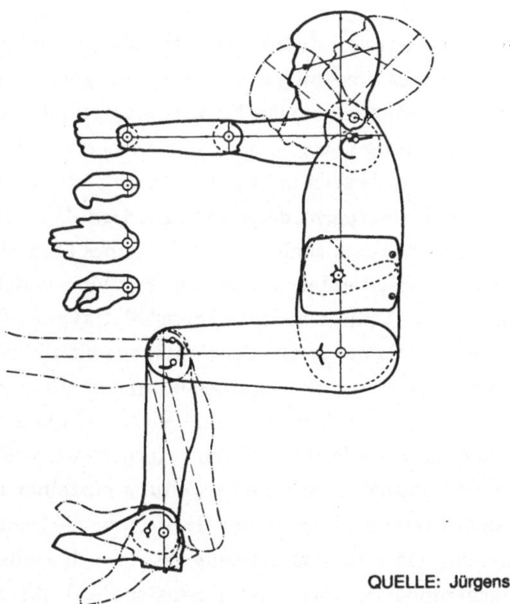

Bild 9:   Seitenansicht der Kieler Puppe des sitzenden Menschen; 5. Perzentil
           männlich /124/

Außer bei der Fahrzeuginnenraumgestaltung werden 3-dimensionale Menschmodelle, wie z. B. die H-Punkt-Maschine /131/ zur Ermittlung des Hüftpunktes an Fahrzeugsitzen, kaum zur anthropometrischen Arbeitsgestaltung eingesetzt. Solche Prüfpuppen können lediglich zur Evaluation und damit erst zu einem sehr späten Zeitpunkt bei der Gestaltung von Arbeitsmitteln angewandt werden. Sie werden in der Regel dann eingesetzt, wenn mit Gefährdungen für den Menschen zu rechnen ist, wie beispielsweise bei der Untersuchung des Bewegungsablaufes des menschlichen Körpers bei Fahrzeugunfällen.

4.2.2.2 <u>Rechnerunterstützte Methoden</u>

Zu den numerischen Methoden innerhalb dieser Gruppe zählen die Anwendungen von Datenbanken. Da diese Datenbanken als Übertragung der konventionellen Datensammlungen auf den Rechner angesehen werden können, soll hierauf nicht näher eingegangen werden.

Alle graphischen rechnerunterstützten Methoden benutzen Simulationsmodelle der menschlichen Gestalt für die Analyse und Gestaltung von Arbeitsmitteln. Sie sind für dynamische Anwendungen bei der Entwicklung und Konstruktion von Arbeitsmitteln unter Verwendung von graphischen Rechnersystemen geeignet, die nachfolgend als CAD-Systeme bezeichnet werden. Diese Simulationsmodelle lassen sich in Ganzkörper- und Teilkörpermodelle untergliedern. Die Ganzkörpermodelle setzen sich aus starren, aber dem skelettalen Aufbau des Menschen entsprechend, beweglich verbundenen Segmenten zusammen. Für eine vollständige Nachbildung der menschlichen Gestalt wären aufgrund des skelettalen Aufbaus über 200 solcher Segmente erforderlich. Da die vorhandenen Modelle bis zu 33 Segmente aufweisen, lassen sich damit nur grobe Bewegungsabläufe ausführen. Die menschlichen Gelenke werden in Form von Scharnier- und Kugelgelenken nachgebildet. Teilkörpermodelle dienen der Simulation einzelner Körperteile, wie z. B. des Hand-Arm-Systems /114/ und erlauben damit die Gestaltung einzelner Bereiche der Mensch-Arbeitsmittel-Schnittstelle, wie z. B. des Greifraums /79/. Die Simulationsmodelle zur anthropometrischen Arbeitsgestaltung lassen sich weiter in 2-dimensionale Draht- und Flächenmodelle sowie in 3-dimensionale Draht- und Volumenmodelle unterteilen. Drahtmodelle beschreiben den Körperumriß über Linienstrukturen. Dadurch entsteht bei der Interaktion des Menschmodells mit der Konstruktionszeichnung des Arbeitsmittels ein starker Verlust an Übersichtlichkeit, da keine verdeckten Linien bei der Darstellung unterdrückt werden können. Dies kann erst bei Flächen- oder Volumenmodellen erreicht werden.

Kollisionsuntersuchungen und Berechnungen der Schwerpunktslage lassen sich mit 3-dimensionalen Modellen ausführen. Die beste Darstellungsqualität wird dabei von Volumenmodellen erreicht. Nachfolgend werden die international bekanntesten Modelle mit aktiver Bewegungsanimation, d. h. vom Anwender geführten und kontrollierten Bewegungen des Modells unter Angabe weiterführender Literatur aufgeführt:

o FOURTH-MAN (entwickelt unter der Leitung von W. A. Fetter, Southern Illinois University Carbondale (SIU-C) Department of Design Research Insitute, USA) /43, 44, 45, 58/,

o SAMMIE (System for Aiding Man-Machine-Interaction Evaluation; entwickelt an der Universität Nottingham, England) /19, 20, 21, 22, 23, 24, 25, 75, 76, 80, 113/,

o KILPATRICK (benannt nach seinem Autor K. E. Kilpatrick; entwickelt an der Universität Michigan, USA) /58, 72, 73, 74, 103/,

o BOEMAN (entwickelt von der Boeing Cooperation in Seattle/Washington, USA) /58, 80, 112/,

o CHOREO-L (entwickelt von G. J. Savage am Department of Systems Design der Universität von Waterloo/Ontario, Canada) /105, 106/,

o COMBIMAN (Computerized Biomechanical Man-model; entwickelt am Air Force Aerospace Medical Research Laboratory (AFAMRL) in Zusammenarbeit mit dem Dayton Research Institute, USA) /7, 36, 37, 42, 58, 80, 112/,

o NUDES (Numerical Utility Displaying Ellipsoid Solids; entwickelt von D. Herbison-Evans am Basser Department of Computer Science, University of Sidney, Australia) /52, 53, 54, 55, 56, 57, 58/,

o RABIDEAU (entwickelt von G. F. Rabideau und J. Farnady am Department of Systems Design University of Waterloo/Ontario, Canada) /96, 97/,

o CAR (Crewstation Assessment of Reach; entwickelt von der Boeing Aerospace Corporation for the Naval Air Development Center unter R. E. Edwards, Washington, USA) /18, 35, 37, 58, 80, 112, 113/,

o BUBBLEMAN (entwickelt von N. I. Badler, University of Pennsylvania, USA) /3, 4, 5, 6, 58, 80, 104, 112, 117/,

o CALVERT (T. W. Calvert et. al. entwickelten am Department of Kinesiology and Computing Science, Simon-Fraser-University, Barnaby, Canada) /8, 32, 33, 34, 112/,

o CYBERMAN (Cybernetic Man-model, entwickelt von der Chrysler Corporation, unter F. M. Blakely und D. Waterman, USA) /37, 58, 80, 112, 116/,

o BUFORD (entwickelt von M. Dooley bei der Rockwell International, Downey, California, USA) /37, 58, 80, 112/,

o PINEAU (entwickelt von J. C. Pineau an der Universität René Descartes am Laboratoire d'Anthropologie Appliquée, Paris, France) /95/,

o FRANKY (entwickelt von der Gesellschaft für Ingenieurtechnik (GIT), Essen, Bundesrepublik Deutschland) /41, 80, 113/, o HEINER (entwickelt an der Technischen Hochschule Darmstadt, Bundesrepublik Deutschland) /108/,

o OSCAR (entwickelt von Szamrend Budapest, Volksrepublik Ungarn; modifiziert an der Fachhochschule Darmstadt, Bundesrepublik Deutschland) /80, 81, 82, 83, 113/,

o ANYBODY (entwickelt vom Inter Soma CAD Team, Fachhochschule Darmstadt, Bundesrepublik Deutschland) /84/.

Modelle mit passiver Bewegungsanimation simulieren den Bewegungsablauf des menschlichen Körpers bei der Einwirkung von äußeren Kräften und Beschleunigungen (z. B. Simulation des Bewegungsablaufes bei Unfällen mit Fahrzeugen). Diese Modelle können nur über die Autoren K. D. Wilmert /118, 119/, R. D. Young /120/, R. L. Huston /60, 61, 62/ und I. Kaleps /69/ benannt werden. Für die Lösung der bei der anthropometrischen Arbeitsgestaltung anstehenden Aufgaben (vgl. Kap. 2) sind diese Modelle wenig geeignet. Sie werden vornehmlich für Unfallsimulationen bei der Fahrzeuggestaltung eingesetzt und sind hier nur aus Gründen der Vollständigkeit aufgeführt.

Als Repräsentanten der Modelle zur aktiven Bewegungsanimation werden nachfolgend zwei 3-dimensionale Modelle vorgestellt. Auf Teilkörpermodelle, die einzelne Körperelemente oder kinematische Ketten simulieren, wie z. B. das Hand-Arm-System /114/, wird hier nicht näher eingegangen, da sie nur für begrenzte Gestaltungsaufgaben eingesetzt werden können, wie z. B. die Arbeitsraumgestaltung manueller Montagearbeitsplätze /79/. Ebenso werden 2-dimensionale Modelle nicht näher betrachtet, da sie als Übertragung von Körperumrißschablonen auf den Rechner angesehen werden können. Aufgrund der großen Unterschiede bzgl. der benötigten Hard- und Software sowie der damit in Verbindung stehenden Kosten wird nachfolgend je ein Volumenmodell für die Anwendung auf Workstations/Großrechnern und Personal Computern (PC) vorgestellt. Die in der Bundesrepublik Deutschland bekanntesten Modelle sind FRANKY (für Workstations/Großrechner) und OSCAR (auf PC-Basis). Diese beiden Modelle wurden in den vergangenen 2 bis 3 Jahren am häufigsten auf wissenschaftlichen Kongressen und Tagungen mit Ausstellungen im deutschsprachigen Raum vorgestellt. Die Verbreitung der Modelle in der industriellen Praxis und deren Anwendung bei der anthropometrischen Arbeitsgestaltung sind jedoch bisher noch vernachlässigbar gering.

Das in der Bundesrepublik Deutschland für CAD-Systeme auf Großrechnern/Workstations entwickelte Menschmodell FRANKY /41, 80, 113/ besteht aus 16 Segmenten, die über 15 Gelenke miteinander verbunden sind. Obwohl die Gelenke als

Kugelgelenke konstruiert sind und die Schulter starr ist, lassen sich Bewegungsräume von Armen und Beinen darstellen, die denen des Menschen weitgehend entsprechen. FRANKY kann in 4 Perzentilen für den bekleideten Menschen (5. und 95.
Perzentil weiblich und männlich) dargestellt werden. Es lassen sich auch Sonder-
maße einrichten (z. B. Sitzriese, Sitzzwerg). Die Bewegungsprogrammierung des
Menschmodells erfolgt zielpunktorientiert. D. h. FRANKY kann ohne die Eingabe
einer Bahnkurve durch einen Befehl zum gerichteten Zugreifen veranlaßt werden.
Das Modell erlaubt eine Sichtsimulation, die es ermöglicht, das optimale und maximale Gesichtsfeld in den vor FRANKY liegenden Raum zu projizieren. Dadurch ist
eine Abstimmung von Seh- und Greifraum möglich. Ein Anwendungsbeispiel des
Menschmodells FRANKY ist in Bild 10 dargestellt.

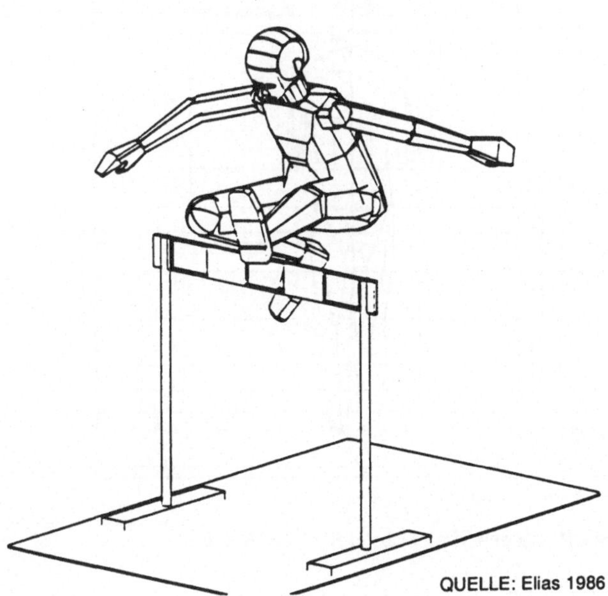

Bild 10:   Darstellung des Menschmodells FRANKY /41/

Ein Repräsentant der für den PC-Einsatz erarbeiteten Menschmodelle ist das in
Ungarn entwickelte und an die Körpermaße der Bevölkerung der Bundesrepublik
Deutschland angepaßte Menschmodell OSCAR /80, 81, 82, 83, 113/. OSCAR besteht
aus 18 Segmenten, die über 17 Gelenke miteinander verbunden sind. Im Gegensatz
zu FRANKY kann OSCAR über zwei weitere Segmente und Gelenke auch in den
Schultern bewegt werden. Die Modellierung kann bei OSCAR stufenlos vom 2,5. bis
97,5. Perzentil erfolgen. Neben den Körpermaßen von Erwachsenen können auch

die von Kindern und Jugendlichen altersstrukturiert modelliert werden. Das Modell kann neben den drei Somatotypen (Pygniker, Athletiker und Leptosomen) auch die Körpermaße schwangerer Frauen (unter Angabe des Schwangerschaftsmonats) auf dem Bildschirm darstellen. Mit einem modifizierten Maschinenbau-Architekturprogramm können Arbeitsmittel in einfachen Strukturen generiert werden. In Bild 11 ist ein Anwendungsbeispiel des Menschmodells OSCAR dargestellt. Das Modell kann auf PCs ab einer Hauptspeichergröße von 0,5 MByte (Plattenkapazität min. 20 MByte) eingesetzt werden.

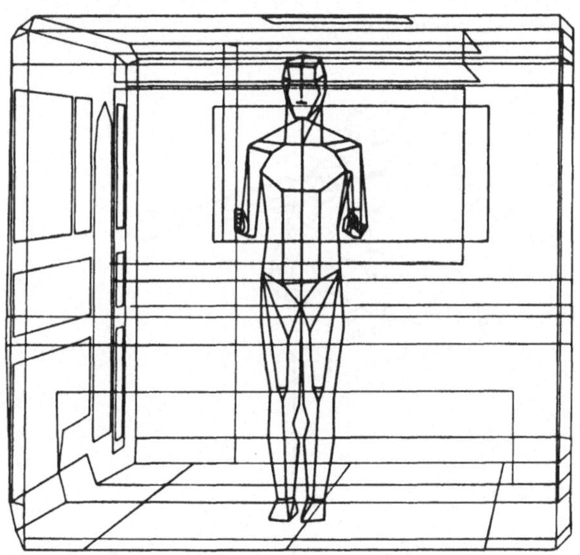

Bild 11:   Darstellung des Menschmodells OSCAR /81/

4.2.3   Zusammenfassende Darstellung

In Ergänzung der Kurzbeschreibung typischer Methoden zur anthropometrischen Arbeitsgestaltung werden ausgewählte Charakteristika dieser Methoden in Bild 12 dargestellt. Diese zusammenfassende Darstellung soll der übersichtlichen Methodenbeschreibung dienen; eine Bewertung folgt in Kapitel 5. Die methodenbeschreibenden Charakteristika aus Bild 12 werden im Anhang 11.1 kurz erläutert.

Charakteristika / Methoden	Datenherkunft	Perzentilbereich w weiblich m männlich	Skizzen-/Zeichnungsmaßstab	Darstellbare Körperhaltungen	statische / dynamische Anwendung	Übliches Darstellungs- und Speichermedium	Darstellung von Arbeitsmitteln	Hardwarebedarf	Softwarebedarf	Methodenabhängiger Raumbedarf (Grundfl. x Höhe)	Typische Anwendungsfälle
Multiple Probe Method	Individuen	probandenabhängig	/	beliebig	statisch	Papier, Photographie	(Modell, Prototyp, Original) (3) (4)	Meßapparatur (PC) (4)	(Auswertungsprogramme) (4)	Meßlabor min. 20 m² x 2,5 m	Ermittlung von Funktionsmaßen
Dortmunder Würfel	Individuen	probandenabhängig	/	beliebig	statisch und dynamisch	Papier, Monitor, EDV-Datenträger/ Hardcopy/ Photographie	nicht möglich	Koordinatenmeßwürfel (PC) (4)	(Auswertungsprogramme) (4)	Meßlabor min. 40 m² x 2,5 m	Evaluation von Funktionsmaßen, insbesondere bei Bewegungseinschränkungen z.B. durch Schutzkleidung
Mock-up Concept	Individuen	probandenabhängig	1:1	beliebig	statisch und dynamisch	Photo, Film Video, (PC) (4)	Modell	Modell (PC) (4)	(Auswertungs-Programme) (4)	Meßlabor (5)	Ermittlung von Arbeitsmitteln an Modellen im Originalmaßstab
Photo-Metric Camera System	Individuen	probandenabhängig	/	beliebig	statisch	Photographie	nicht möglich	Meßapparatur (PC) (4)	(Auswertungsprogramme) (4)	Meßlabor min. 60 m² x 3 m	Ermittlung von Struktur- und Funktionsmaßen
Motographie	Individuen	probandenabhängig	/	beliebig	dynamisch	Monitor, Hardcopy, Photographie	(Modell, Prototyp, Original) (4)	Phototechn. Systeme (PC) (4)	(Auswertungsprogramme) (4)	Meßlabor (5)	Ermittlung von Funktionsmaßen / Evaluation von Arbeitsmitteln mit bewegungsaufwendigen Tätigkeiten
Video-Somatographie	Anpassung der Körpermaße von Individuen an anthropometr. Datensammlungen/ Individuen	annähernd gesamter Perzentilbereich m und w / zus. probandenabh.	beliebig	beliebig	statisch und dynamisch	Monitor, Video, Photographie, Hardcopy	Skizze/ Zeichnung auf Papier	Video-Systeme und Hilfsmittel	keiner	Meßlabor min. 80 m² x 5 m	Analyse und Gestaltung von Arbeitsmitteln / Ermittlung von Struktur- und Funktionsmaßen für besondere Benutzerkollektive (z.B. Behinderte)

ANMERKUNGEN:

(1) : Die Perzentilgruppen sind altersstrukturiert

(2) : Die Perzentilgruppen sind nach ethnischer Abstammung gegliedert in Deutsche, Italiener, Jugoslawen u. Türken

(3) : In Klammern (...) gesetzte Aussagen gelten für eine Methode mit Einschränkungen

(4) : In Klammern (...) gesetzte Aussagen sind für die Anwendung einer Methode nicht zwingend erforderlich

(5) : Der Raumbedarf kann aufgabenspezifisch zwischen der Größe eines durchschnittlichen Büros (ca. 20 m² x 2,5 m) und der einer Werkhalle (in seltenen Fällen bis 1500 m² x 10 m) schwanken

Bild 12a: Charakteristika und typische Anwendungsfälle ausgewählter Methoden zur anthropometrischen Arbeitsgestaltung.
Teil 1: Probandenorientierte Methoden

-46-

Charakteristika / Methoden	Datenherkunft	Perzentilbereich w weiblich m männlich	Skizzen-/ Zeichnungsmaßstab	Darstellbare Körperhaltungen	statische / dynamische Anwendung	Übliches Darstellungs- und Speichermedium	Darstellung von Arbeitsmitteln	Hardware-bedarf	Software-bedarf	Methodenabhängiger Raumbedarf (Grundfl. x Höhe)	Typische Anwendungsfälle
Körpermaßtabelle nach DIN 33402	anthropometrische Untersuchungen	w: 5./50./95. %il m: 5./50./95. %il (1) (2)	beliebig	nur sitzen und stehen aufrecht	statisch	Papier	Skizze/Zeichnung, Modell, Prototyp, Original	keiner	keiner	keiner	Analyse, Gestaltung und Evaluation für modellorientierte Methoden / Plausibilitätsprüfung an Arbeitsmitteln
Körperumriß-schablone nach DIN 33416	anthropometrische Datensammlungen	5. %il w 50. %il w - 5. %il m 95. %il w - 50. %il m 95. %il m	1:10 (1:5) (3)	beliebig	statisch	Papier	Skizze/Zeichnung auf Papier	keiner	keiner	keiner	Analyse und Gestaltung von Arbeitsmitteln für den Produktionsbereich
Kieler Puppe	anthropometrische Datensammlungen	w: 1./5./95. %il m: 5./50./95. %il	1:5 1:1	beliebig (sitzen und stehen in getrennten Schablonen)	statisch und dynamisch	Papier bei M 1:1 Photographie, Film, Video	Skizze/Zeichnung auf Papier; M 1:1: bei Modell, Prototyp, Original	keiner	keiner	nur bei M 1:1 für Modell oder Originalaufbau	Analyse, Gestaltung und Evaluation von Arbeitsmitteln / Analyse und Gestaltung von Sitzarbeitsplätzen
Prüfpuppen	anthropometrische Datensammlungen	w: 5./50./95. %il m: 5./50./95. %il	/	beliebig	statisch und (dynamisch) (3)	Photographie, Film, Video, (Rechner) (4)	Modell, Prototyp, Original	Modell, Prototyp, Original, (Rechner) (4)	(Auswertungsprogramme) (4)	Meßlabor (5)	Evaluation von Fahrzeugsitzen und -innenräumen / Evaluation des Bewegungsablaufs und der Freiraumgestaltung bei Autounfällen
Menschmodell FRANKY	anthropometrische Datensammlungen	w: 5./95. %il m: 5./95. %il	beliebig	beliebig	statisch und dynamisch	Bildschirm, Datenträger, Photographie, Plot	Skizze/Zeichnung auf Bildschirm verschiedener CAD-Systeme	Workstation, Großrechner	Simulations- und Animationsprogramme	CAD-Raum ca. 20 m² x 2,5 m	Analyse und Gestaltung von Arbeitsmitteln, die auf CAD-Systemen skizziert / konstruiert wurden
Menschmodell OSCAR	anthropometrische Datensammlungen	w und m: 2,5.-97,5. %il stufenlos (1)	beliebig	beliebig	statisch und dynamisch	Bildschirm, Datenträger, Photographie, Plot	Skizze auf Bildschirm des PC	PC	Simulations- und Animationsprogramme	keiner	Analyse und Gestaltung von Arbeitsmitteln, die auf einem PC skizziert werden können

ANMERKUNGEN:

(1) : Die Perzentilgruppen sind altersstrukturiert

(2) : Die Perzentilgruppen sind nach ethnischer Abstammung gegliedert in Deutsche, Italiener, Jugoslawen u. Türken

(3) : In Klammern (...) gesetzte Aussagen gelten für eine Methode mit Einschränkungen

(4) : In Klammern (...) gesetzte Aussagen sind für die Anwendung einer Methode nicht zwingend erforderlich

(5) : Der Raumbedarf kann aufgabenspezifisch zwischen der Größe eines durchschnittlichen Büros (ca. 20 m² x 2,5 m) und der einer Werkhalle (in seltenen Fällen bis 1500 m² x 10 m) schwanken

Bild 12b: Charakteristika und typische Anwendungsfälle ausgewählter Methoden zur anthropometrischen Arbeitsgestaltung. Teil 2: Modellorientierte Methoden

Im Anschluß an die deskriptive Darstellung von Methoden zur anthropometrischen Arbeitsgestaltung wird in diesem Kapitel eine analytisch-wertende Betrachtung ausgewählter Methoden vorgenommen. Dies ist erforderlich, da ein umfassender standardisierter Methodenvergleich bisher noch nicht vorgenommen worden ist. In der Literatur zu den einzelnen Methoden finden sich lediglich verbale Beschreibungen der Vor- und Nachteile. Die dafür gewählten Bewertungskriterien werden dabei von den Autoren vorgegeben und sind daher von Methode zu Methode unterschiedlich. Ansätze einer ersten vergleichenden Gegenüberstellung finden sich bei Elias und Istanbuli /40/. Der Methodenvergleich beschränkt sich dabei auch nur auf die verbale Beschreibung der Vor- und Nachteile einzelner Methoden. Ein einheitlicher Kriterienkatalog wurde jedoch nicht zur Beurteilung herangezogen. Auf die zu erwartenden Kosten bei der Anwendung von Methoden zur anthropometrischen Arbeitsgestaltung wird nur sehr unspezifisch eingegangen.

Der in der vorliegenden Arbeit durchgeführte Methodenvergleich will dieses Defizit beseitigen. Dazu wird erstmals eine standardisierte Bewertung aller ausgewählten Methoden durchgeführt, die Aussagen über Nutzen und Kosten pro Anwendung einer Methode erlaubt. Dieser Methodenvergleich soll dazu dienen,

o   Konstrukteuren und Arbeitsgestaltern (nachfolgend Methodenanwender genannt) einen Überblick über Nutzen und Kosten derzeit bestehender Methoden zu geben,
o   Schwachstellen bestehender Methoden aufzuzeigen, um daraus Anforderungen an Methoden-Neuentwicklungen abzuleiten und
o   über ein standardisiertes Bewertungsverfahren zum Vergleich der neu entwickelten CAD-Video-Somatographie mit bestehenden Methoden verfügen zu können.

5.1   Eingrenzung des Methodenspektrums

Nach der in Bild 3 dargestellten Klassifikation können Methoden zur anthropometrischen Arbeitsgestaltung in die vier Anwendungsbereiche Datenerhebung, Analyse, Gestaltung und Evaluation unterschieden werden. Bei der überwiegenden Zahl der Gestaltungsaufgaben sind Methoden zur Datenerhebung verzichtbar, da die Arbeitsmittel i. A. an das gleiche Benutzerkollektiv (z. B. beruftstätige Bevölkerung der Bundesrepublik Deutschland) angepaßt werden müssen. Für diese Anwendungsfälle ist die anthropometrische Datenbasis bekannt. Der Methodenanwender benötigt somit Methoden zur Analyse und Gestaltung der Mensch-Arbeitsmittel-Schnittstelle, die diese Datenbasis zur Verfügung stellen. Unter der Voraussetzung, daß eine umfassende und systematische Analyse und Gestaltung der Arbeitsmittel bereits in frühen Stadien des Entwicklungs-und Konstruktionsprozesses vorgenommen wurde, kann die Evaluation der Arbeitsmitttel keine wesentlichen neuen Erkenntnisse liefern. Da für die Evaluation zumindest ein Mock up erforderlich ist, setzen diese Methoden ohnehin erst relativ spät im Konstruktionsprozeß ein. Daher sollen auch diese Methoden nicht näher betrachtet werden. Die nachfolgende Bewertung umfaßt damit die Methoden zur Analyse und Gestaltung, die

o   auf der anthropometrischen Datenbasis der berufstätigen Bevölkerung der Bundesrepublik Deutschland basieren,

o   mindestens den in der anthropometrischen Arbeitsgestaltung üblichen Grenzbereich des 5. und 95. Perzentils für Männer und Frauen berücksichtigen,

o   auf Skizzen und Konstruktionszeichnungen der Mensch-Arbeitsmittel-Schnittstelle anwendbar sind.

Damit werden aus den in Bild 12 dargestellten Methoden

o   die Video-Somatographie,
o   die Körpermaßtabelle nach DIN 33 402,
o   die Körperumrißschablone nach DIN 33 416,
o   die Kieler Puppe,
o   das Menschmodell FRANKY und
o   das Menschmodell OSCAR ausgewählt.

Dies sind die Methoden aus Bild 12, die alle obigen Auswahlkriterien erfüllen. Werden die Einsatzmöglichkeiten dieser Methoden mit den Anforderungen der Konstruktionsmethodik nach VDI /132, 133, 134/ verglichen, so ist festzustellen, daß alle Methoden bereits zu einem frühen Zeitpunkt eingesetzt werden können. Sie können den Konstruktionsprozeß bis zur Stufe der Ausarbeitung bei allen Fragestellungen der anthropometrischen Arbeitsgestaltung unterstützen. Die ersten 4 der ausgewählten Methoden können sowohl auf konventionell erstellte Skizzen und Konstruktionszeichnungen angewandt werden als auch auf Ausdrucke von Konstruktionsskizzen und -zeichnungen, die auf CAD-Systemen erstellt wurden. Dagegen sind die Menschmodelle FRANKY und OSCAR nur bei der Erstellung von Skizzen und Zeichnungen auf Rechnern anwendbar.

5.2   <u>Beschreibung der Bewertungsmethodik</u>

Für den analytisch-wertenden Vergleich der in Kapitel 5.1 ausgewählten Methoden werden deren Nutzen und Kosten unter Berücksichtigung alternativer Anwendungszielsetzungen und -häufigkeiten ermittelt.

Zur Bewertung des Nutzens wird das Verfahren der Nutzwertanalyse eingesetzt. Dieses Verfahren wurde gewählt, da es auf eine umfangreiche verbale Beschreibung verzichtet und besonders geeignet ist, eine Vielzahl von unterschiedlichen qualitativen und quantitativen Zielkriterien in ein standardisiertes Bewertungsverfahren einzubinden. Darüber hinaus erlaubt die Nutzwertanalyse, den einzelnen Zielkriterien durch Gewichtung unterschiedliche Bedeutung beizumessen. Damit wird es möglich, unterschiedliche Zielsetzungen der Methodenanwender zu berücksichtigen. Die Erstellung der Nutzwertanalyse erfolgte in Anlehnung an den bei Zangemeiser /121/ beschriebenen allgemeinen Aufbau des Grundmodells multidimensionaler Nutzwertanalyse. Hierzu wurde vom Verfasser ein hierarchisches Zielsystem für die ausgewählten Methoden aufgestellt. Für die Festlegung der Erfüllungsgrade der Zielkriterien wurden in Anlehnung an Rohmert und Landau /102/ Bewertungsschlüssel vorgegeben. Die Beurteilung der Erfüllungsgrade der Zielkriterien einzelner Methoden erfolgte im Expertenrating. Die von den 6 befragten Experten angegebenen Erfüllungsgrade wurden gemittelt. Es wurden insgesamt vier Nutzwertanalysen durchgerechnet, die sich in der Gewichtung der Zielkriterien unterscheiden. Über die Multiplikation der Erfüllungsgrade mit den Gewichtungsfaktoren der Zielkriterien und der anschließenden Summation über alle Zielkriterien errechnet sich eine dimensionslose Vergleichszahl, die als Nutzwert der jeweiligen Methode bezeichnet wird.

Zur Quantifizierung der Kosten wurden in Anlehnung an die Maschinenstundensatzrechnung /115/ aus fixen und variablen Kosten sowohl die absoluten Kosten einer Methode pro Jahr als auch die Kosten pro Anwendung ermittelt.

In der Gegenüberstellung von Nutzwert und Kosten in einem sogenannten Methodenwert kann die für den Anwendungsfall geeignetste Methode mittels des Entscheidungskriteriums "niedrige Kosten bei einem hohen Nutzwert" ausgewählt werden.

5.2.1   Nutzwertanalyse

5.2.1.1   Kriterienkatalog zur Beurteilung der Methoden

Für den nutzwertanalytischen Vergleich der ausgewählten Methoden hat der
Verfasser ein hierarchisches Zielsystem (vgl. Bild 13) gebildet. Der Kriterienkata-
log ist im Anhang 11.2 mit einer erläuternden Beschreibung dargestellt. Für die
Bewertung in der Nutzwertanalyse wird jeweils das Zielkriterium der untersten
Hirarchiestufe herangezogen. Damit stehen 41 Zielkriterien zur Beurteilung der
ausgewählten Methoden zur anthropometrischen Arbeitsgestaltung zur Verfügung.

5.2.1.2   Bewertungsschlüssel und Erfüllungsgrade

Zur Bestimmung der Erfüllungsgrade der einzelnen Zielkriterien wurden vom
Verfasser Bewertungsschlüssel mit einer fünfstufigen Punkteskala festgelegt. Ein
Zielkriterium erhielt 0 Punkte, wenn es keinen Erfüllungsgrad aufwies. Die Be-
schreibung der Bewertungsschlüssel befindet sich im Anhang 11.3.

5.2.1.3   Gewichtungsfaktoren der Zielkriterien

Aufgrund der aufgabenabhängigen Eignung der hier betrachteten Methoden erscheint es notwendig, entsprechend der Aufgabenstellung, unterschiedliche Gewichtungen der Zielkriterien vorzunehmen. Die festgelegten Gewichtungen für vier
Anwendungsfälle spiegeln dabei die abweichenden Zielsetzungen beim Einsatz der
Methoden wider. Die nachfolgenden vier alternativen Anwendungsfälle wurden
ausgewählt und hierzu die Gewichtungen festgelegt:

Anwendungsfall 1: <u>Hohe Präzision und geringer Zeitbedarf</u>
          Anwendungen der Methode bei Aufgabenstellungen mit hohen
Anforderungen an die Präzision der Abbildung der Struktur-
und Funktionsmaße des Menschen <u>und</u> geringem Zeitbedarf für
die Analyse und Gestaltung von Arbeitsmitteln (z. B. in Ingenieurplanungsbüros, Entwicklungs- und Konstruktionsabteilungen von Großbetrieben, bei denen häufig Aufgaben zur anthropometrischen Arbeitsgestaltung zügig und mit hoher Qualität bearbeitet werden müssen).

Anwendungsfall 2: <u>Hohe Präzision</u>

Anwendungen der Methode bei Aufgabenstellungen mit besonders hohen Anforderungen an die Präzision der Abbildung der Struktur- und Funktionsmaße des Menschen für die Analyse und Gestaltung von Arbeitsmitteln (z. B. in wissenschaftlichen Instituten, bei denen die Genauigkeit von größerer Bedeutung ist als andere Zielkriterien wie beispielsweise der Zeitbedarf).

Anwendungsfall 3: <u>Geringer Zeitbedarf</u>

Anwendungen der Methode bei Aufgabenstellungen mit besonders hohen Anforderungen an einen geringen Zeitbedarf für die Analyse und Gestaltung von Arbeitsmitteln (z. B. in Ingenieurplanungsbüros, Entwicklungs- und Konstruktionsabteilungen von Betrieben, die innerhalb der Konzeptionsphase verschiedene Konzepte unter den Gesichtspunkten der anthropometrischen Arbeitsgestaltung rasch beurteilen wollen).

Anwendungsfall 4: <u>Geringe Einarbeitungszeit</u>

Anwendungen der Methode bei Aufgabenstellungen mit besonders hohen Anforderungen an eine geringe Einarbeitungszeit zum Beherrschen der Methode (z. B. in kleineren Unternehmen, bei denen nur selten Aufgaben zur anthropometrischen Arbeitsgestaltung bearbeitet werden müssen und daher die Methode auch nach längerer Nichtnutzungszeit rasch beherrscht werden muß).

Damit ergeben sich vier Nutzwertanalysen, die im Sinne einer Sensitivitätsbetrachtung wesentliche Aufschlüsse hinsichtlich der Eignung der Methoden für einen bestimmten Anwendungsbereich erwarten lassen.

In Bild 13 ist das hierarchische Zielsystem mit auf Prozentwerte umgerechneten Gewichtungsfaktoren der einzelnen Zielkriterien für den Anwendungsfall 1 dargestellt. Die Gewichtungsfaktoren wurden vom Verfasser vorgegeben und mit den Experten abgestimmt. Nach Pahl und Beitz /91, 92/ repräsentiert die erste Zahl jeder Reihe den prozentualen Bezugswert des Zielkriteriums für die direkt folgende untergeordnete Ebene. Jede folgende Zahl ergibt den prozentualen Anteil des Zielkriteriums an der jeweils nächsten übergeordneten Ebene an. Die Struktur der Gewichtungsfaktoren für die Anwendungsfälle 2 bis 4 ist im Anhang 11.4 enthalten.

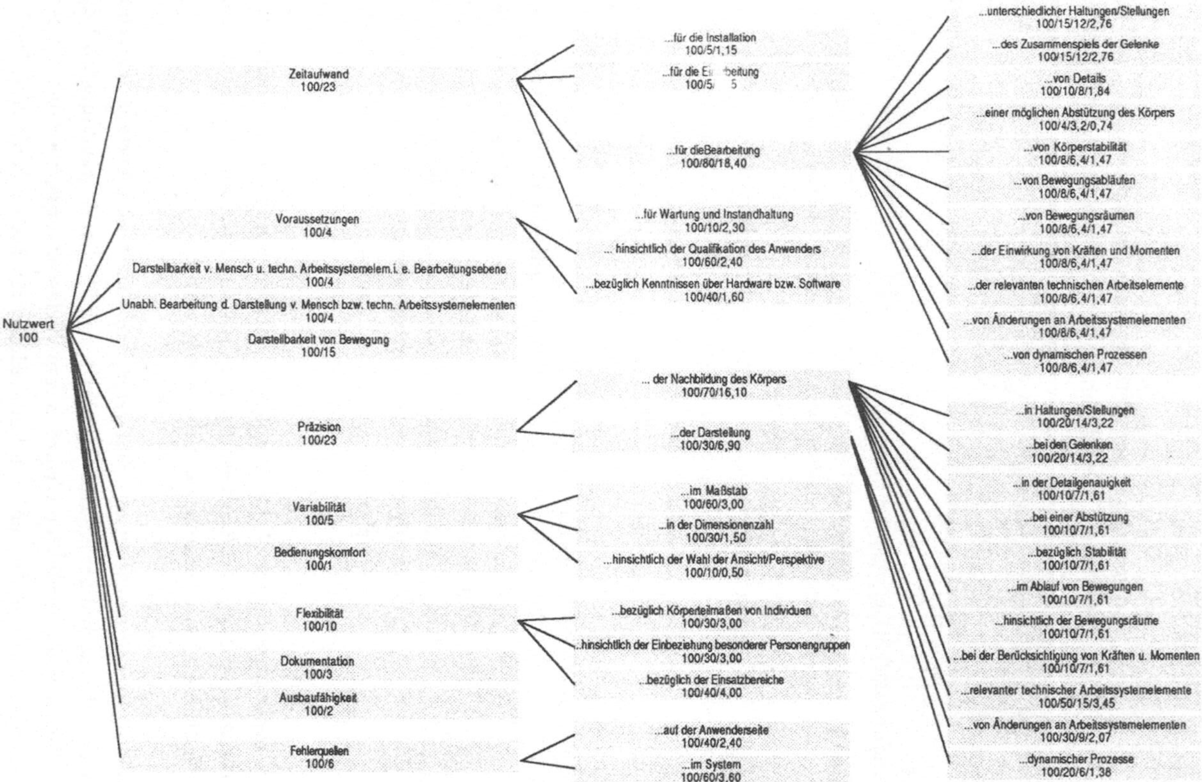

Bild 13: Prozentuale Aufteilung der Gewichtungsfaktoren der Zielkriterien im hierarchischen Zielsystem für den Anwendungsfall 1 (hohe Präzision und geringer Zeitbedarf)

5.2.1.4 Ergebnisse der Nutzwertanalyse

In Bild 14 sind die Ergebnisse der Nutzwertanalyse für den Anwendungsfall 1 dargestellt.

Aufgrund der geringen Erfüllungsgrade der Körpermaßtabelle in den genannten Zielkriterien erreicht diese Methode lediglich einen Nutzwert von 131,05 Punkten bzw. 26,2 % des maximalen Nutzwertes und erhält damit den geringsten Nutzwert aller betrachteten Methoden (Rang VI). Bei den Zielkriterien der Präzision und des Zeitaufwandes für die Darstellung weist die Methode der Video-Somatographie überwiegend hohe oder maximale Erfüllungsgrade auf. Dadurch erhält diese Methode einen Nutzwert von 414,71 Punkten bzw. 82,9 % des maximalen Nutzwertes und erreicht daher mit einem Abstand von 7,4 Prozentpunkten zur nächstbesten Methode (Menschmodell FRANKY) den höchsten Nutzwert (Rang I).

Die Ergebnisse der Nutzwertanalyse zu den Anwendungsfällen 2 bis 4 können aus den Bildern A-4 bis A-6 im Anhang 11.5 entnommen werden. Eine Veränderung der Rangfolge der Methoden ergibt sich lediglich für den Anwendungsfall 4. Hier erreicht das Menschmodell OSCAR mit 65,4 % des maximalen Nutzwertes den höchsten Rang, gefolgt von der Video-Somatographie und dem Menschmodell FRANKY. Die Rangfolge der konventionellen modellorientierten Methoden bleibt unverändert gegenüber den anderen Anwendungsfällen, obwohl deutlich höhere Nutzwerte erreicht werden.

METHODEN DER ANTHROPOMETRISCHEN ARBEITSGESTALTUNG			Video-Somatographie		Körpermaß-tabelle		Körperumriß-schablone		Kieler Puppe		Menschmodell FRANKY		Menschmodell OSCAR	
KRITERIUM	Schlüssel	G	E	G·E	E	G·E	E	G·E	E	G·E	E	G·E	E	G·E
Zeitaufwand • für die Installation	Z2	1,15	1	1,15	5	5,75	5	5,75	5	5,75	2	2,30	3	3,45
• für die Einarbeitung	Z2	1,15	2	2,30	3	3,45	4	4,60	5	5,75	1	1,15	2	2,30
• für die Darstellung - unterschiedlicher Haltungen/Stellungen	Z1	2,76	5	13,80	1	2,76	2	5,52	3	8,28	4	11,04	3	8,28
- des Zusammenspieles der Gelenke	Z1	2,76	5	13,80	0	0	1	2,76	2	5,52	3	8,28	2	5,52
- von Details	Z1	1,84	5	9,20	1	1,84	2	3,68	3	5,52	4	7,36	3	5,52
- einer möglichen Abstützung des Körpers	Z1	0,74	4	2,96	0	0	1	0,74	1	0,74	3	2,22	2	1,48
- von Körperstabilität	Z1	1,47	5	7,35	0	0	1	1,47	1	1,47	3	4,41	2	2,94
- von Bewegungsabläufen	Z1	1,47	5	7,35	0	0	1	1,47	2	2,94	3	4,41	1	1,47
- von Bewegungsräumen	Z1	1,47	5	7,35	1	1,47	2	2,94	3	4,41	4	5,88	4	5,88
- der Einwirkung von Kräften und Momenten	Z1	1,47	4	5,88	0	0	0	0	0	0	3	4,41	2	2,94
- der relevanten techn. Arbeitssystemelemente	Z1	1,47	2	2,94	0	0	0	0	0	0	4	5,88	3	4,41
- von Änderungen an Arbeitssystemelementen	Z1	1,47	3	4,41	1	1,47	2	2,94	2	2,94	4	5,88	3	4,41
- von dynamischen Prozessen	Z1	1,47	1	1,47	0	0	0	0	0	0	3	4,41	2	2,94
• für Wartung und Instandhaltung	Z1	2,30	1	2,30	5	11,50	5	11,50	4	9,20	3	6,90	3	6,90
Voraussetzungen • hinsichtlich der Qualifikation des Anwenders	B	2,40	1	2,40	1	2,40	3	7,20	3	7,20	1	2,40	2	4,80
• bezüglich Kenntnissen über Hardware bzw. Software	B	1,60	2	3,20	4	6,40	4	6,40	4	6,40	2	3,20	3	4,80
Darstellbarkeit von Mensch und techn. Arbeitssystemelementen in einer Bearbeitungsebene	R	4,00	5	20,00	1	4,00	3	12,00	3	12,00	5	20,00	4	16,00
Unabhängige Bearbeitung der Darstellung von Mensch bzw. techn. Arbeitssystemelementen	R	4,00	5	20,00	1	4,00	2	8,00	2	8,00	4	16,00	3	12,00
Darstellbarkeit von Bewegung	R	15,00	5	75,00	0	0	1	15,00	2	30,00	4	60,00	3	45,00
Präzision • der Nachbildung des Körpers - in Haltung/Stellung	R	3,22	5	16,10	1	3,22	3	9,66	3	9,66	4	12,88	3	9,66
- bei den Gelenken	R	3,22	5	16,10	0	0	2	6,44	3	9,66	4	12,88	3	9,66
- in der Detailgenauigkeit	R	1,61	5	8,05	1	1,61	2	3,22	3	4,83	4	6,44	3	4,83
- bei einer Abstützung	R	1,61	4	6,44	0	0	1	1,61	1	1,61	3	4,83	3	4,83
- bezüglich Stabilität	R	1,61	5	8,05	0	0	1	1,61	1	1,61	3	4,83	3	4,83
- im Ablauf von Bewegungen	R	1,61	5	8,05	0	0	1	1,61	1	1,61	3	4,83	2	3,22
- hinsichtlich der Bewegungsräume	R	1,61	5	8,05	1	1,61	2	3,22	3	4,83	4	6,44	4	6,44
- bei Berücksichtigung v. Kräften u. Momenten	R	1,61	5	8,05	0	0	0	0	0	0	4	6,44	3	4,83
• der Darstellung - relevanter techn. Arbeitssystemelemente	R	3,45	4	13,80	0	0	0	0	0	0	5	17,25	3	10,35
- v. Änderungen an Arbeitssystemelementen	R	2,07	4	8,28	1	2,07	2	4,14	2	4,14	5	10,35	3	6,21
- dynamischer Prozesse	R	1,38	1	1,38	0	0	0	0	0	0	3	4,14	2	2,76
Variabilität • im Maßstab	W	3,00	5	15,00	5	15,00	1	3,00	2	6,00	5	15,00	5	15,00
• in der Dimensionenzahl	W	1,50	5	7,50	4	6,0	3	4,50	3	4,50	5	7,50	5	7,50
• hinsichtlich der Wahl der Ansicht/Perspektive	W	0,50	4	2,00	1	0,50	2	1,00	2	1,00	5	2,50	3	1,50
Bedienungskomfort	W	1,00	3	3,00	1	1,00	2	2,00	3	3,00	4	4,00	5	5,00
Flexibilität • bezüglich Körperteilmaßen von Individuen	W	3,00	4	12,00	3	9,00	2	6,00	2	6,00	5	15,00	4	12,00
• hinsichtlich der Einbeziehung besonderer Personengruppen	W	3,00	5	15,00	2	6,00	1	3,00	1	3,00	2	6,00	2	6,00
• bezüglich der Einsatzbereiche	W	4,00	4	16,00	3	12,00	1	4,00	2	8,00	4	16,00	4	16,00
Dokumentation	D	3,00	5	15,00	1	3,00	2	6,00	2	6,00	4	12,00	3	9,00
Ausbaufähigkeit	W	2,00	3	6,00	4	8,00	2	4,00	2	4,00	4	8,00	4	8,00
Fehlerquellen • auf der Anwenderseite	B	2,40	3	7,20	1	2,60	2	4,80	3	7,20	4	9,60	4	9,60
• im System	B	3,60	3	10,80	4	14,40	4	14,40	4	14,40	4	14,40	4	14,40
NUTZWERT		100,0		414,71		131,05		176,18		217,17		377,44		312,66
RANG				I		VI		V		IV		II		III
ANTEIL AM MAXIMALEN NUTZWERT				82,9 %		26,2 %		35,2 %		43,4%		75,5 %		62,5 %

Bild 14: Ergebnisse der Nutzwertanalyse für den Anwendungsfall 1 (hohe Präzision und geringer Zeitbedarf)

5.2.2   Kosten der ausgewählten Methoden

Die von einer Methode zur anthropometrischen Arbeitsgestaltung verursachten Kosten können in fixe (ggf. sprungfixe) und variable Kosten unterteilt werden. Die fixen Kosten umfassen alle mit der Beschaffung, der Installation, der Instandhaltung etc. verbundenen Kosten. Sie sind nur insofern abhängig von der Zahl der Anwendungen, als bei größeren Anwendungshäufigkeiten pro Jahr die Bearbeitungskapazität einer Methode erschöpft sein kann und eine weitere Methode eingesetzt werden muß. Dadurch entstehen sprungfixe Kosten.

In Abhängigkeit von der Anwendungshäufigkeit und Nutzungszeit der Methode werden die variablen Kosten bestimmt. Von besonderem Einfluß auf die Höhe der variablen Kosten ist die Nutzungszeit einer Methode, bis das gewünschte Gestaltungsergebnis erreicht ist. Die Nutzungszeit wird stark beeinflußt von der Komplexität der Konstruktionsaufgabe. Um innerhalb dieser Arbeit vergleichbare Ergebnisse zu erhalten, wurde eine räumliche Konstruktionsaufgabe mittlerer Komplexität zugrunde gelegt.

Ausgehend von einer konventionellen Drehmaschine, von der Konstruktionszeichnungen in drei Ansichten vorlagen, sollte durch Anwendung der ausgewählten Methoden eine ergonomisch verbesserte Drehmaschine konstruiert werden. Die dafür festgeschriebenen Anforderungen der anthropometrischen Arbeitsgestaltung wurden nach Bullinger et. al /29/ abgeleitet. Die Mensch-Arbeitsmittel-Schnittstelle sollte unter dynamischer Anwendung der Methode in drei Ansichten konstruiert werden. Sofern eine Methode keine dynamischen Anwendungen erlaubt, sind diese quasi-dynamisch (Erstellung vielfacher statischer Ansichten) durchzuführen.

Der für die jeweiligen Methoden im Anhang 11.7 angegebene Zeitanteil für die Durchführung der Konstruktionsaufgabe berücksichtigt diese Vorgehensweise ebenso wie notwendige Analysen der veränderten Schnittstellen. Die Zeitanteile wurden von den zwei geübten Methodenanwendern während der Ausführung der Konstruktionsaufgabe selbst ermittelt. Da bei der Ausführung derartiger Konstruktionsaufgaben erfahrungsgemäß große inter- und intraindividuelle Streuungen auftreten können, wurden zusätzlich Experten befragt. Die von den Methodenanwendern ermittelten Zeitanteile wurden mit den Aussagen von Experten aus Forschung und Praxis verglichen und abgestimmt. Die Zeitanteile bei der Anwendung der Menschmodelle FRANKY und OSCAR wurden ausschließlich über Expertenbefragung ermittelt, da die Programmpakete nicht zur Verfügung standen. Die

Zeitanteile zur Ausführung der Konstruktionsaufgabe fließen als Multiplikatoren in die Berechnung der variablen Kosten bei der Anwendung der Methoden ein.

Bei der Bewertung der errechneten Kosten ist zu berücksichtigen, daß andere als die hier vorgegebene Konstruktionsaufgabe zu anderen Kosten bei der Anwendung einer Methode führen werden. Daher ist für den Methodenvergleich weniger die absolute Höhe der Kosten von Bedeutung sondern vielmehr die Rangfolge der Kosten einzelner Methoden.

5.2.2.1 Festlegung der Kostenarten

Die von einer Methode zur anthropometrischen Arbeitsgestaltung verursachten jährlichen Gesamtkosten K werden nach Gleichung (1) und (2) berechnet:

$$K = x_k (K_A + K_Z + K_R + K_I + K_S) + x_a \cdot t_a (K_L + K_E + K_V) \text{ in DM/a} \qquad (1)$$

dabei gilt für

$$x_k = \begin{cases} 1 \text{ für} & 0 < q \leqslant 1 \\ 2 \text{ für} & 1 < q \leqslant 2 \\ : \\ m \text{ für } m - 1 < q \leqslant m \end{cases} \quad \text{bei } q = x_a \cdot t_a / t_V \qquad (2)$$

Der Quotient des Methodenbedarfs q gibt für eine vorgegebene Anwendungshäufigkeit x_a die Anzahl der hierfür benötigten Methoden an. Da nur ganzzahlige Methoden eingesetzt werden können, wird über x_k die Anzahl der benötigten Methoden berechnet. Werden die Gesamtkosten K pro Jahr durch die Zahl der Anwendungen x_a einer Methode dividiert, so ergeben sich die Kosten pro Anwendung K_a aus Gleichung (3).

$$K_a = K / x_a \qquad (3)$$

Die ausführliche Beschreibung der einzelnen Kostenarten aus Gleichung (1) sowie die für die Bestimmung der Kapazitätsauslastung einer Methode notwendigen Größen aus Gleichung (2) befinden sich im Anhang 11.6.

5.2.2.2 Gesamtkosten unter Berücksichtigung der Anwendungshäufigkeit der Methoden

Entsprechend den Gleichungen (1) bis (3) im voranstehenden Abschnitt ergeben sich für die ausgewählten Methoden, unter Berücksichtigung von drei unterschiedlichen Anwendungshäufigkeiten pro Jahr (x_a = 5/30/100), die in Bild 15 dargestellten Kosten. Wie bereits oben erwähnt sind diese Kosten als exemplarisch anzusehen. Veränderungen der einzelnen Kosten können zu unterschiedlichen Ergebnissen führen. Derartige Kostenveränderungen können beispielsweise durch regional unterschiedliche Lohn- und Gehaltskosten, Veränderungen der Anschaffungskosten einzelner Geräte sowie Hard- und Softwarekomponenten entstehen.

Um derartige Einflüsse zu berücksichtigen wurde auch bei der Kostenbetrachtung eine Senisitivitätsanalyse durchgeführt. Dabei wurden im Rahmen einer Tabellenkalkulation Änderungen der sprungfixen und variablen Kosten berücksichtigt und ihre Auswirkungen auf die Gesamtkosten K und Kosten pro Anwendung K_a ausgewiesen. Im Anhang 11.12 sind in den Bildern A-18 bis A-23 die Kostenänderungen in 5 %-Schritten von 0 bis 25 % mit positivem und negativem Vorzeichen aufgelistet. Für die Ausgangssituation (vgl. Bild 15) liegen bei der Anwendungshäufigkeit x_a = 5 die Gesamtkosten K und die Kosten pro Anwendung K_a der Methoden, mit Ausnahme der Video-Somatographie und des Menschmodells FRANKY, relativ dicht beieinander. Bei Änderung der sprungfixen Kosten um +25 % wird dieser Effekt verstärkt. Die Erhöhung der variablen Kosten um +25 % wirkt sich dagegen jedoch nur gering auf die Kosten pro Anwendung aus (vgl. Anhang 11.12).

Bei zunehmender Anwendungshäufigkeit (x_a → 100) ist für die Körpermaßtabelle, Körperumrißschablone und die Kieler Puppe keine relevante Kostendegression festzustellen. Im Gegensatz hierzu ist bei der Video-Somatographie und den Menschmodellen FRANKY und OSCAR eine deutliche Kostendegression bei zunehmender Anwendungshäufigkeit pro Jahr erkennbar. Ab einer Anwendungshäufigkeit von x_a = 30 sind die Gesamtkosten jeder dieser drei Methoden geringer als die der Körpermaßtabelle, Körperumrißschablone und der Kieler Puppe. Für eine Anwendungshäufigkeit x_a > 12 verursacht das Menschmodell OSCAR die geringsten Kosten pro Anwendung im Vergleich zu allen anderen Methoden. Bei Änderung der sprungfixen Kosten um +25 % sind bei x_a = 30 die Kieler Puppe und Menschmodell OSCAR kostengünstiger als die übrigen Methoden. Die Änderung der variablen Kosten um +25 % führt bei dieser Anwendungshäufigkeit zu keiner Änderung der Kostenrangreihe der Methoden gegenüber der Ausgangssituation.

Bei der Anwendungshäufigkeit $x_a = 100$ liegen die Kosten pro Anwendung K_a der Video-Somatographie und der Menschmodelle FRANKY und OSCAR deutlich unter denen der konventionellen modellorientierten Methoden. Auch Änderungen der sprungfixen und variablen Kosten um 25 % beeinflussen diese Situation nicht.

Methoden zur anthropometrischen Arbeitsgestaltung		Gesamtkosten K in DM pro Jahr und Kosten pro Anwendung K_a in DM für Anwendungshäufigkeit X_a		
	x_a	5	30	100
Video-Somatographie	K	50.464,-	81.464,-	175.864,-
	K_a	10.027,-	2.782,-	1.759,-
Körper maßtabelle	K	23.754,-	140.942,-	469.700,-
	K_a	4.751,-	4.698,-	4.697,-
Körperumrißschablone	K	16.738,-	98.770,-	328.789,-
	K_a	3.348,-	3.292,-	3.288,-
Kieler Puppe	K	15.590,-	91.840,-	305.680,-
	K_a	3.118,-	3.061,-	3.057,-
Menschmodell FRANKY	K	55.075,-	87.888,-	179.763,-
	K_a	11.015,-	2.930,-	1.798,-
Menschmodell OSCAR	K	25.831,-	60.987,-	159.425,-
	K_a	5.166,-	2.033,-	1.594,-

Bild 15: Jährliche Gesamtkosten K und Kosten pro Anwendung K_a für 3 Anwendungshäufigkeiten x_a der ausgewählten Methoden zur anthropometrischen Arbeitsgestaltung

5.2.3 Definition des Methodenwertes aus Nutzwert und Kosten

Der Methodenwert MEW_{X_a} wird als dimensionsloses Wertepaar (Wertetupel) von prozentualem Nutzwert N_p und Kosten pro Anwendung K_a für eine beliebige Anwendungshäufigkeit pro Jahr x_a definiert. Bei Erreichen eines hohen Nutzwertes ($N_p \rightarrow 100$) und geringen Kosten pro Anwendung ($K_a \rightarrow 0$) wird der beste Methodenwert erreicht. Bei vergleichbaren Kosten wird der Methodenvergleich anhand des Nutzwertes durchgeführt; bei vergleichbaren Nutzwerten anhand der Kosten. Eine Vergleichbarkeit wird angenommen bei Abweichungen bis zu 2 % vom jeweils höheren Wert. Es ist nicht beabsichtigt, eine allgemeingültige Aussage über die Rangreihe von Methodenwerten zu treffen. Eine derartige Einstufung ist immer abhängig von den Zielsetzungen eines Methodenanwenders (vgl. Abschnitt 5.2.1.3), der für seinen spezifischen Anwendungsfall bestimmte Nutzwerte und Kostengrenzen definiert. Aus Bild 16 können die Methodenwerte für drei exemplarische Anwendungshäufigkeiten pro Jahr (x_a = 5/30/100) für den Anwendungsfall 1 entnommen werden. Die Methodenwerte der Anwendungsfälle 2 bis 4 können für diese Anwendungshäufigkeiten aus dem Bild A-8 im Anhang 11.8 abgelesen werden. Auf der Kostenseite sind dabei die Werte der Ausgangssituation zugrunde gelegt.

Für die geringe Anwendungshäufigkeit (x_a = 5) des Anwendungsfalls 1 weisen die Video-Somatographie mit MEW_5 = (82,9/10.027) ebenso wie das Menschmodell FRANKY mit MEW_5 = (75,5/11.015) aufgrund der hohen Kosten pro Anwendung einen schlechten Methodenwert auf. Im Vergleich hierzu betragen die Kosten pro Anwendung der Körpermaßtabelle (MEW_5 = (26,2/4.751)) und der Körperumriß-schablone (MEW_5 = (35,2/3.348)) zwar weniger als die Hälfte, aufgrund des niedrigeren prozentualen Nutzwertes erreichen diese beiden Methoden jedoch ebenfalls nur einen schlechten Methodenwert. Mittlere Methodenwerte erreichen die Kieler Puppe mit MEW_5 = (43,4/3.118) und das Menschmodell OSCAR mit MEW_5 = (62,5/5.166).

Bereits bei einer mittleren Anwendungshäufigkeit (x_a = 30) verändert sich dieses Ergebnis aufgrund der hohen Kostendegression bei der Anwendung der Video-Somatographie und der Menschmodelle. Die konventionellen modellorientierten Methoden erreichen schlechtere Methodenwerte als die Video-Somatographie mit MEW_{30} = (82,9/2.782) und die Menschmodelle FRANKY mit MEW_{30} = (75,5/2.930) und OSCAR mit MEW_{30} = (62,5/2.033).

Bei einer großen Anwendungshäufigkeit (x_a = 100) erreicht die Video-Somatographie den besten Methodenwert mit MEW_{100} = (82,9/1.759). Für das Menschmodell OSCAR sind die Kosten pro Anwendung zwar 9% geringer, der Nutzwert liegt jedoch um 25% unter dem der Video-Somatographie. Der Methodenwert des Menschmodells FRANKY ist mit dem des Menschmodells OSCAR vergleichbar. Im Gegensatz hierzu müssen die konventionellen modellorientierten Methoden für diese Anwendungshäufigkeit als völlig ungeeignet angesehen werden.

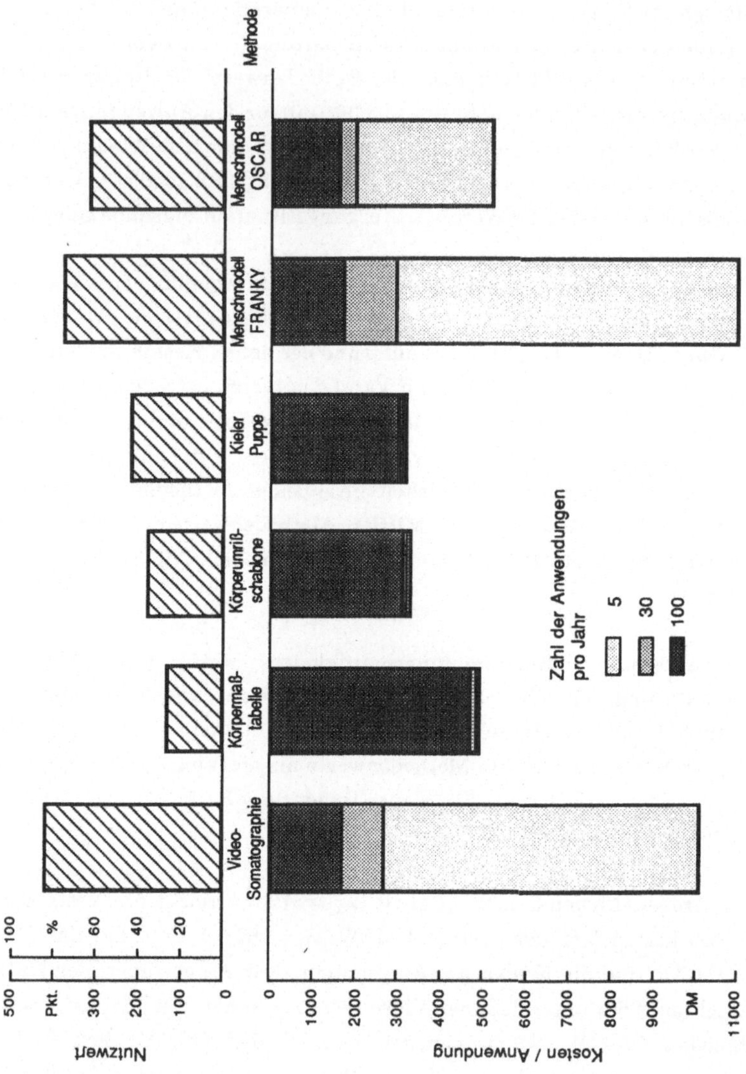

Bild 16: Methodenwerte für den Anwendungsfall 1 (hohe Präzision und geringer Zeitbedarf)

Für die Anwendungsfälle 2 und 3 (vgl. Anhang 11.8, Bild A-8) ergibt sich keine veränderte Aussage gegenüber Anwendungsfall 1.

Beim Anwendungsfall 4 (vgl. Anhang 11.8, Bild A-8) kann von einer geringeren Anwendungshäufigkeit pro Jahr ausgegangen werden. Hier erreicht die Kieler Puppe mit $MEW_5 = (55,2/3.118)$ den besten Methodenwert gefolgt von der Körperumrißschablone mit $MEW_5 = (48,9/3.348)$ und dem Menschmodell OSCAR mit $MEW_5 = (65,4/5.166)$. Die Video-Somatographie ($MEW_5 = (63,0/10.027)$) und das Menschmodell FRANKY ($MEW_5 = (62,8/11.015)$) sind für diesen Anwendungsfall am wenigsten geeignet. Eine Änderung der sprungfixen und variablen Kosten um bis zu 25 % führt zu keinen grundlegend anderen Ergebnissen. Neben den drei vorgegebenen können die Methodenwerte für beliebige Anwendungshäufigkeiten x_a über den prozentualen Nutzwert der jeweiligen Methode N_p und die Kosten pro Anwendung K_a für das gewählte x_a über die Gleichungen (1) und (2) in Abschnitt 5.2.2.1 errechnet werden.

5.3   Kritische Würdigung und Anforderungen an neue Methoden

Der Vergleich der sechs ausgewählten Methoden zur anthropometrischen Arbeitsgestaltung ergibt - wie erwartet - erhebliche Unterschiede der Methodenwerte für die ausgewählten Anwendungsfälle. In der Gegenüberstellung der Ergebnisse können die Methoden in zwei Gruppen eingeteilt werden.

Zur ersten Gruppe zählen die konventionellen modellorientierten Methoden (Körpermaßtabelle nach DIN 33402, Körperumrißschablone nach DIN 33416 und Kieler Puppe). Diese Methoden weisen aufgrund ihres geringen Kapitaleinsatzes eine vernachlässigbare Kostenflexibilität bei unterschiedlicher Anwendungshäufigkeit auf. Hier überwiegen die Personalkosten bei der Durchführung von Analyse- und Gestaltungsaufgaben, so daß auch bei zunehmender Anwendungshäufigkeit keine nennenswerte Kostendegression entsteht. Auf der Nutzwertseite zeigen diese Methoden insbesondere beim Anwendungsfall 4 bessere Ergebnisse als bei den drei anderen Anwendungsfällen. Damit sind gerade die Kieler Puppe und die Körperumrißschablone für sehr seltene Anwendungen pro Jahr geeignete Methoden.

Zur zweiten Gruppe der Methoden zählen die Video-Somatographie und die Menschmodelle FRANKY und OSCAR. Diese Methoden sind durch deutliche Kostendegression bei zunehmender Anwendungshäufigkeit gekennzeichnet. Ab 12 Anwendungen pro Jahr verursacht das Menschmodell OSCAR geringere Kosten als die kostengünstigste Methode der Gruppe 1, die Kieler Puppe. Diese Methode ist damit als einzige der Gruppe 2 auch für eine niedrige bis mittlere Anwendungshäufigkeit empfehlenswert und erreicht bessere Methodenwerte als die Methoden der Gruppe 1.

Die Video-Somatographie und das Menschmodell FRANKY sind bei geringer bis mittlerer Anwendungshäufigkeit ($x_a < 25$) aufgrund des hohen Kapitaleinsatzes unwirtschaftlich, obwohl sie die höchsten Nutzwerte für die Anwendungsfälle 1 bis 3 erreichen. Der Zeitbedarf für die Durchführung von Analyse- und Gestaltungsaufgaben ist bei diesen beiden Methoden jedoch wesentlich geringer als bei allen anderen. Dadurch verringern sich ihre Kosten mit zunehmender Anwendungshäufigkeit. Ab 30 Anwendungen pro Jahr sind diese beiden Methoden kostengünstiger als die Methoden der Gruppe 1.

Den besten Methodenwert erreicht die Video-Somatographie bei großer Anwendungshäufigkeit ($x_a = 100$) und ist damit die geeignetste Methode. Diese gute Bewertung erreicht die Video-Somatographie vor allem durch ihre hohe Präzision in der Abbildung der Struktur- und Funktionsmaße des Menschen und den relativ geringen Zeitbedarf bei der Anwendung. Über den Einsatz eines realen Menschen bei der anthropometrischen Arbeitsgestaltung werden natürlichere Bewegungsabläufe und realistischere Mensch-Arbeitsmittel-Interaktionen möglich, als beim Einsatz von Menschmodellen, die - wie in Abschnitt 4.2.2 beschrieben - die Struktur- und Funktionsmaße des Menschen sehr vereinfacht darstellen.

Dieser Vorteil der Video-Somatographie steht ihrem ortsfesten Einsatz als Nachteil gegenüber. Für die Anwendung der Methode ist ein Labor erforderlich. Dadurch müssen Konstrukteure und Arbeitsgestalter ihren üblichen Arbeitsplatz verlassen und sich mit einem Labortechniker abstimmen, um die Methode anwenden zu können. Ein weiterer Nachteil besteht darin, daß die Video-Somatographie nicht interaktiv mit CAD-Systemen angewandt werden kann. Beim Einsatz von CAD-Systemen müssen immer erst Plots der Konstruktionsskizzen oder -zeichnungen angefertigt werden, um die Video-Somatographie einsetzen zu können. Erkannte Gestaltungsmängel sind von Hand in den Plots zu markieren und müssen dann erst wiederum am CAD-Arbeitsplatz umgesetzt werden. Dieser Nachteil wird mit zunehmendem Einsatz von CAD-Systemen immer bedeutender. Ausgehend von ca. 200.000 CAD-Arbeitsplätzen im Jahr 1985 werden ca. 700.000 für das Jahr 1990 prognostiziert /38/. Von Bedeutung ist dabei, daß eine stärkere Zunahme der PC-basierenden CAD-Systeme erwartet wird. So werden für das Jahr 1990 ca. 54 % PCbasierende CAD-Systeme und je 23 % auf Workstations und Zentralrechnern arbeitende CAD-Systeme erwartet /38/.

Die Menschmodelle FRANKY und OSCAR erlauben zwar die interaktive Dimensionierung der Mensch-Arbeitsmittel-Schnittstelle auf CAD-Systemen, erreichen jedoch - im wesentlichen aufgrund ihrer verbesserungsbedürftigen Modellierung des Menschen - geringere Nutzwerte als die Video-Somatographie. Beide Menschmodelle weisen Nachteile bei der Simulation harmonischer Bewegungsabläufe und Veränderung von Körperhaltungen und -bewegungen bei der Einwirkung äußerer Kräfte und Momente auf den Menschen (z. B. Heben und Tragen von Lasten) auf. Die Methoden können nicht universell auf PC- oder Workstation- / Zentralrechner-basierenden CAD-Systemen eingesetzt werden. Teilweise sind noch erhebliche Anpassungsmaßnahmen an unterschiedliche CAD-Systeme durchzuführen, bevor die Methoden angewandt werden können.

Aufgrund des in dieser Arbeit durchgeführten Methodenvergleichs und der zu erwartenden starken Zunahme von CAD-Systemen lassen sich nachfolgende grundlegende Anforderungen an die Entwicklung neuer Methoden zur anthropometrischen Arbeitsgestaltung formulieren:

o hohe Präzision der Modellierung der Struktur- und Funktionsmaße des Menschen,
o hohe Präzision der Modellierung der Mensch-Arbeitsmittel-Interaktion,
o Darstellbarkeit des 5. bis 95. Perzentils (möglichst stufenlos) männlich und weiblich in beliebigen Maßstäben und Perspektiven,
o Darstellbarkeit und Dokumentationsmöglichkeit dynamischer Abläufe beim Menschen und Arbeitsmittel,
o geringe Einarbeitungszeit und hoher Bedienungskomfort,
o kurze Ausführungszeiten für Analyse- und Gestaltungsaufgaben bei geringen Personalkosten,
o universelle Anwendung auf PC- und Workstation- / Zentralrechner-basierenden CAD-Systemen,
o niedrige Kosten bei geringen und hohen Anwendungshäufigkeiten.

Ausgehend von diesen Anforderungen wurde eine neue Methode zur anthropometrischen Arbeitsgestaltung - die CAD-Video-Somatographie - entwickelt. Die Methode wird nachfolgend vorgestellt und anschließend über den Methodenwert mit bereits bestehenden Methoden verglichen.

6 <u>Entwicklung der CAD-Video-Somatographie</u>

6.1 <u>Funktionsbeschreibung</u>

Die entwickelte und nachfolgend beschriebene CAD-Video-Somatographie
(CADVS) ist eine Methode zur Analyse und Gestaltung der Mensch-Arbeitsmittel-
Schnittstelle. Sie zählt zur Gruppe der indirekt probandenorientierten Methoden
und ist für statische und dynamische (Berücksichtigung von Körperbewegungen)
Anwendungen geeignet (vgl. Kap. 4.1). Sie kann bereits in frühen Stadien des
Entwicklungs- und Konstruktionsprozesses von Arbeitsmitteln auf CAD-Systemen
eingesetzt werden.

Das Funktionsprinzip der CADVS beruht auf der Interaktion eines real vorhandenen, videotechnisch aufgezeichneten Menschen (Proband) mit einer an einem CAD-
System generierten Konstruktionsskizze oder -zeichnung eines Arbeitsmittels in einem Videobild (Trickbild). Das Funktionsprinzip ist in Bild 17 dargestellt.

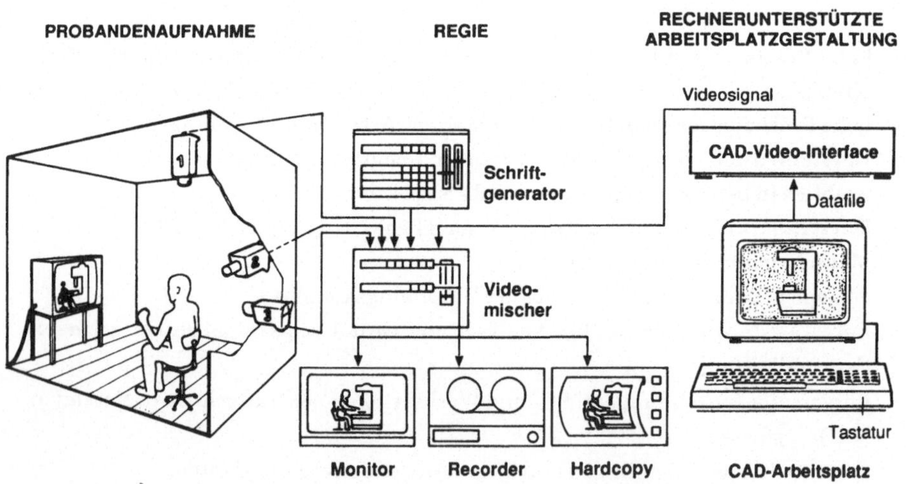

Bild 17: Funktionsprinzip der CADVS

Analog zum technischen Zeichnen werden vom Probanden, als einer Komponente
dieses Trickbildes, mit bis zu 3 Farb-Videokameras jeweils orthogonale Ansichten
erstellt. Die Videobilder des Probanden werden einem Videomischer zugespielt. Als

zweite Komponente dient die auf einem CAD-Bildschirm erstellte Skizze oder Zeichnung des Arbeitsmittels in 3 Ansichten. Über ein CAD-Video-Interface und einen Bildspeicher und - komprimierer werden diese Bilder ebenfalls dem Videomischer zugespielt. Nach Abgleich der Körpermaße des Probanden auf den Maßstab der Skizze oder Zeichnung und Auswahl der zueinander gehörenden Ansichten werden die Bilder des Probanden und des Arbeitsmittels videotechnisch überlagert. Während der Aufnahme agiert der Proband vor einem in einer der Grundfarben Rot, Grün oder Blau gehaltenen Hintergrund. Durch Ausblendung eben dieses Farbkanals entsteht um das Bild des Probanden ein Freiraum für die Einblendung der auf dem CAD-Bildschirm generierten Skizze oder Zeichnung des Arbeitsmittels (Croma-Key-Verfahren). Dadurch können verdeckte Linien im Trickbild unterdrückt werden.

Über die visuelle Kontrolle des Trickbildes auf einem oder mehreren Videomonitoren (Probandenmonitor) im Aufnahmebereich des Probanden kann dieser seine Bewegungen am Arbeitsmittel koordinieren. So kann er beispielsweise an verschiedenen Stellen des Arbeitsmittels "zugreifen", Reichweiten, Freiräume und Sehräume überprüfen. Ebenso wie der Proband kann der Methodenanwender die Interaktion des Probanden mit dem Arbeitsmittel auf einem Videomonitor verfolgen und Erkenntnisse über den Gestaltungszustand der Mensch-Arbeitsmittel-Schnittstelle gewinnen. Von großer Bedeutung ist es, daß der Proband vom Arbeitsmittel erzwungene ungünstige Körperhaltungen oder Bewegungsabläufe als solche empfinden und dem Methodenanwender mitteilen kann. Die damit gewonnenen Erkenntnisse können nun direkt in die Konstruktion des Arbeitsmittels umgesetzt werden. Für diese Konstruktionsaufgabe stehen die Vorzüge des installierten CAD-Systems in vollem Umfang zur Verfügung. Damit wird - ähnlich wie bei Menschmodellen auf CAD-Systemen - eine interaktive Bearbeitung der Konstruktionsaufgabe gewährleistet.

Die Verwendung von Varioobjektiven an den Videokameras gestattet die stufenlose Vergrößerung bzw. Verkleinerung des Abbildes des Probanden, so daß mit einem Probanden beliebige Perzentile eines Benutzerkollektivs des jeweiligen Geschlechts simuliert werden können. Der in der anthropometrischen Arbeitsgestaltung übliche Anpaßbereich vom 5. bis 95. Perzentil kann damit stufenlos abgedeckt und sofern erforderlich auch über- oder unterschritten werden. Dem Probanden können während der Methodenanwendung auch Werkzeuge und Werkstücke an die Hand gegeben werden, die für eine vollständige Simulation der Mensch-Arbeitsmittel-Interaktion notwendig sind. Die sich dabei aufgrund von Gewichtskräften oder Zugriffsbedingungen verändernden Funktionsmaße des Probanden können direkt für die Arbeitsmittelgestaltung umgesetzt werden. Die Dokumentation der Konstruktionszeichnungen und deren Änderungen können dabei innerhalb des Rechnersystems als CAD-Datensätze oder auch als Plot erfolgen. Die Dokumentation des Trickbildes erfolgt auf Videokassetten oder in Form von Papierkopien (Hardcopies).

Für die Anwendung der CADVS wird ein Labor mit dem Probandenaufnahmebereich und dem Video-Mischplatz sowie ein CAD-Arbeitsplatz benötigt. Die notwendige Konfiguration des Labors und die Verfahrensschritte zur Analyse und Gestaltung einer Mensch-Arbeitsmittel-Schnittstelle werden nachfolgend beschrieben.

6.2 Konfiguration von Hard- und Software im CAD-Video-Somatographie-Labor

Grundsätzlich können für den Aufbau eines CAD-Video-Somatographie-Labors (CADVSL) verschiedene gerätetechnische Komponenten sowie Hard- und Softwarekonfigurationen unterschiedlicher Hersteller verwendet werden. Die nachfolgend beschriebene Konfiguration eines CADVSL wurde im Rahmen der vorliegenden Arbeit am Fraunhofer-Institut für Arbeitswirtschaft und Organisation (IAO), Stuttgart aufgebaut.

Die technische Ausrüstung eines CADVSL läßt sich entsprechend seiner Funktion in die drei Hauptbestandteile CAD-Bereich (CAB), Probandenaufnahmebereich (PAB) und Regiebereich (REB) untergliedern. Im CAB befindet sich der CAD-Arbeitsplatz mit einem PC-basierenden oder über Workstation bzw. Zentralrechner betriebenen CAD-System. Der PAB umfaßt den für das Croma-Key-Verfahren farblich angelegten Probandenaufnahmebereich, die Videokameras und die Beleuchtungskörper. Dem REB sind alle Geräte zur Videobildmischung, -überwachung, -speicherung, -verteilung, -aufzeichnung und -ausgabe sowie zur Ansteuerung und Kontrolle der Kameras und Objektive im PAB zugeordnet. Die Verknüpfung der Geräte in den einzelnen Laborbereichen ist in Bild 18 schematisch dargestellt.

Beim Aufbau eines CADVSL ist darauf zu achten, daß PAB und REB in einem Raum angeordnet werden, der CAB sollte vorteilhafterweise in benachbarten Räumen angeordnet werden, gegebenenfalls mit Sichtverbindung zum REB. Dies ist jedoch nicht zwingend erforderlich. Die nachfolgenden Abschnitte 6.2.1 bis 6.2.3 beinhalten eine Kurzbeschreibung aller erforderlichen Geräte sowie der für den Laborbetrieb benötigten Softwarepakete. Eine photographische Darstellung der am IAO

installierten Laborbereiche des CADVSL ist im Anhang 11.11 im Bild A-17 darge
stellt.

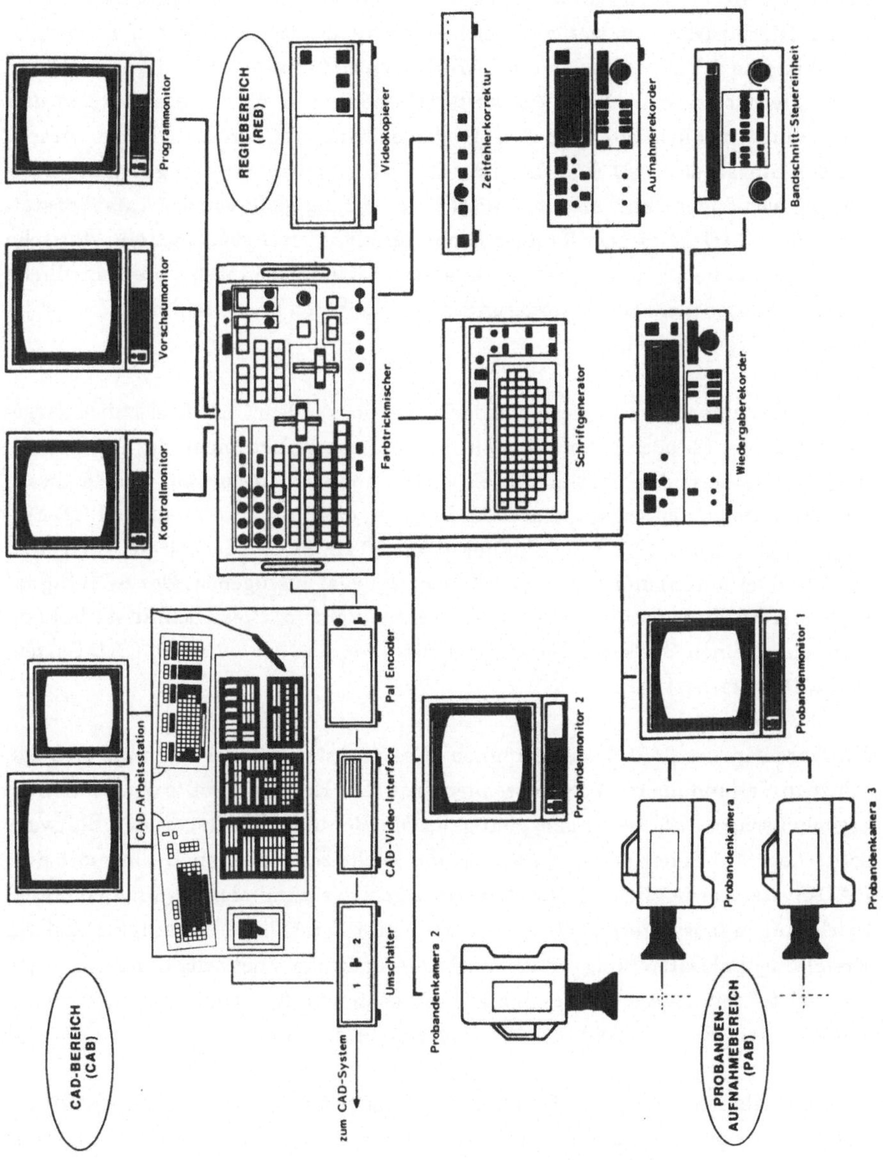

Bild 18:   Schematische Verknüpfung der Geräte eines CADVSL

6.2.1 CAD-Bereich

Die Aufgabe des CAD-Systems besteht primär in der Unterstützung eines Konstrukteurs oder Arbeitsgestalters bei seinen Entwicklungs- und Konstruktionsaufgaben. Hierfür ist es von wesentlicher Bedeutung, die spezifischen Anforderungen und Wünsche des Benutzers an ein CAD-System zu formulieren und geeignete Systeme hiernach auszuwählen. Zur weiteren Information über Einsatzbereich und Anwendungsmöglichkeiten von CAD-Systemen wird auf Obermann /90/ verwiesen. Für den Einsatz des CAD-Systems in der CADVS bestehen nur wenige Anforderungen, die nachfolgend kurz erläutert werden. In Abhängigkeit von der Aufgabenstellung einer CADVS (2- óder 3-dimensionale Analyse von Arbeitsmitteln, statische oder dynamische Darstellung eines Arbeitsmittels) ergeben sich unterschiedliche Anforderungsebenen. Die Anforderungen einer höheren Ebene schließen die der jeweils niedrigeren mit ein.

Die Mindestanforderungen bestehen darin, daß die auf dem CAD-Bildschirm dargestellten Bilder (2- oder 3-dimensionale Skizzen oder Zeichnungen des Arbeitsmittels) in Videonorm dem REB überspielt werden können. Hierfür muß die Hardware eine Schnittstelle aufweisen, die in der Lage ist, die Bildinformation als RGB-Signal in PAL-Norm (724 x 625 Bildpunkte mit 50 Hz Bildwiederholrate, interlaced (Halbbildverfahren) und 15,625 kHz Zeilenfrequenz) auszugeben. Das RGB-Signal muß vom REB aus fremdsynchronisiert werden können. Diese Schnittstelle kann auch durch einen Bildkomprimierer realisiert werden, der zwischen CAD-System und REB installiert wird.

Die Hardware der CAD-Systeme können PCs, Workstations oder Terminal-Arbeitsplätze in Verbindung mit Zentralrechnern sein. Die Hardware sollte den bekannten ergonomischen Anforderungen genügen. Die Benutzeroberfläche der Software sollte dem Anwender einen einfachen und leicht zugänglichen Dialog mit dem CAD-System ermöglichen. Die Abmessungen der zumindest 2-dimensionalen Zeichnungen müssen ermittelt werden können. Die maßliche Genauigkeit bei der Erstellung und Darstellung (verzerrungsfrei) der Skizzen und Zeichnungen muß gewährleistet sein. Diese Funktionen können auch von Zeichenprogrammen ausgeführt werden, die noch nicht zu CAD-Programmen gezählt werden.

Die Normalanforderungen beinhalten den Einsatz von CAD-Programmen mit denen 2- und 3-dimemensionale Konstruktionen bearbeitet werden können. Für den Einsatz im CAB wird die Verwendung eines 16 - 20 Zoll Bildschirmes mit einer Bildauflösung von 1024 x 1024 Bildpunkten oder mehr und einer Bildwiederholrate von mindestens 60 Hz empfohlen. Sofern die Bildübertragungszeit vom CAB zum REB über 30 s beträgt, ist erfahrungsgemäß der Einsatz von Bildspeichern empfehlenswert, die der Video-Schnittstelle (Bildkomprimierer) nachgeschaltet sind. Die Software muß in der Lage sein, die Linienstärke der Konstruktionsskizze oder -zeichnung auf dem CAD-Bildschirm verändern zu können. Bei zu dünnen Linien entsteht u. U. aufgrund der Abtastrate des Videobildes ein störendes Flimmern, das durch Erhöhen der Linienstärke verringert werden kann. Zur Erstellung 3-dimensionaler Konstruktionen ist ein Modellgenerator notwendig, der entweder in der Lage ist, 3-dimensionale Informationen direkt zu verarbeiten, oder aber diese aus 2-dimensionalen Informationen (z. B. Ansichten) zu ermitteln und auf dem Bildschirm darzustellen.

Soll die CADVS auch bei der dynamisch visuellen Simulation von Arbeitsmitteln (z.B. Darstellung der Stößelbewegung an einer Presse) eingesetzt werden, so ergeben sich besondere Anforderungen an die Hard- und Software des einzusetzenden CAD-Systems. Für die Hardware sind Graphikprozessoren notwendig, die Bewegungen im 3-dimensionalen Raum in Echtzeit berechnen und das Ergebnis auf dem 2-dimensionalen Bildschirm abbilden können. Abhängig von den geforderten Bewegungsgeschwindigkeiten muß der Zentralprozessor (CPU) schnell genug arbeiten, um die Ergebnisse der Bewegungsfunktion in Echtzeit berechnen und an den Graphikprozessor weiterleiten zu können. Die Schnittstelle zum REB muß diese Bildinformation ausreichend schnell auf PAL-Norm transformieren.

Bei der Erstellung des am IAO installierten CADVSL wurde ein CAD-System ausgewählt, das den Normalanforderungen der CADVS gerecht wird. Die CAD-Software CIS-MEDUSA (Fa. Computervision) wird dabei auf einer MicroVAX II (Fa. Digital Equipment Corporation) eingesetzt. Die Kapazität des Arbeitsspeichers der MicroVAX II beträgt 13 Mbyte. Neben dem Festplattenspeicher (Harddisk in 3-Platten-Ausführung), der eine Kapazität von 1,1 Gbyte aufweist, ist ein Kassettenmagnetband (Streamer-Tape-Device) mit 95 Mbyte angeschlossen. Am CAD-Arbeitsplatz sind ein graphikfähiger Rasterbildschirm (Auflösung 1280 x 1024 Bildpunkte, Farbe in 4 Bildebenen = 16 Farben), ein alphanumerischer Bildschirm für die Kontrolle eingegebener Texte und Befehle, ein Steuerknüppel für die Bewegung des Fadenkreuzes sowie ein Menuetablett vorhanden, das über Penstick benutzt wird. Den Übergang zum REB bildet die serielle Standardschnittstelle RS 232 C (V 24), der ein eigens hierfür konzipierter und von der Fa. Gammadata entwickelter und hergestellter Bildkomprimierer und -speicher (4 Speicherplätze) nachgeschaltet ist.

6.2.2   Probandenaufnahmebereich

Im Probandenaufnahmebereich (PAB) sind die Videokameras, die Beleuchtungskörper, der für das Croma-Key-Verfahren farblich gekennzeichnete Aufnahmebereich und die Probandenmonitore installiert. Abhängig von der Größe des PAB werden 3 Farb-Videokameras (je eine für die Draufsicht, Vorder- und Seitenansicht des
Probanden) mindestens jedoch 2 Farb-Videokameras (eine für die Draufsicht und
eine für die serielle Erzeugung der Vorder- bzw. Seitenansicht des Probanden) or-
thogonal zueinander aufgestellt. Von wesentlicher Bedeutung für eine verzerrungs-
freie Abbildung des Probanden und Gewährleistung einer ausreichenden Bewegungsraumtiefe und - breite für den Probanden im Aufnahmebereich (vgl. Kap. 6.4)
ist der Abstand zwischen Videokamera und Proband. Für die Draufsicht wird hierfür ein Mindestabstand von 4,5 m und für die Vorder- und Seitenansicht von 6,5 m
empfohlen. Bei einer Bewegungsraumtiefe von 1 m und -breite von 2 m ergibt sich
bei Verwendung von 2 Farb-Videokameras (unter Berücksichtigung der erforderlichen Zuschläge) eine Mindestraumgröße von 9 x 4 m = 36 m^2 mit einer Raumhöhe
von 5 m über dem Aufnahmebereich.

Um zeitraubende Einstellungen direkt an den Videokameras zu vermeiden,
empfiehlt es sich diese vom REB fernzusteuern. Hierzu sind die Kameras mit einer
motorischen Brennweitenverstellung auszurüsten. Die Videokamera für Vorder-
und Seitenansicht ist auf einem Kameraträger zu montieren, der ebenfalls fern-
gesteuert in der Höhe variiert werden kann. Diese Verstellfunktionen sind erforderlich, um das Abbild des Probanden auf die Abmessungen der Konstruktionsskizze oder -zeichnung abzustimmen. Die Ausleuchtung des Probanden sollte vor-
zugsweise mit Lampen erfolgen, deren Farbtemperatur der des Tageslichtes sehr
ähnlich ist, um im Labor eine Mischbeleuchtung aus Kunst- und Tageslicht zu erlauben. Die Leuchten sind an der Decke des Raumes und auf 1 - 2 verstellbaren
Stativen anzubringen.

Im Aufnahmebereich befindet sich der Proband während der Anwendung der
CADVS. Es handelt sich hierbei um einen so abgegrenzten Raumteil des PAB, daß
in jeder der gewählten Ansichten von allen Videokameras der Proband vor einem
einheitlich in einer der Grundfarben Rot, Grün oder Blau gehaltenen Aufnahmehintergrund erscheint. Es empfiehlt sich hierzu den Boden und die Wände mit einem einfarbigen Stoff oder Teppichboden auszulegen, bzw. zu bespannen. Um ein
hochwertiges Trickbild zu erhalten, ist der Aufnahmebereich größer zu gestalten
als der Bewegungsraum des Probanden. Die Mindestabmessungen betragen in
Breite, Tiefe und Höhe jeweils 3 m.

Mindestens ein Probandenmonitor ist für den Probanden gut einsehbar am Rande des Aufnahmebereichs aufzustellen. Er sollte soweit vom Probanden entfernt stehen, daß er von der Videokamera möglichst nicht aufgenommen wird und das Trickbild vom Probanden in allen Einzelheiten gut erkannt werden kann. Die Bildschirmgröße richtet sich nach diesen Bedingungen im jeweiligen Labor. Über die Beobachtung des Trickbildes bestimmt der Proband seine Position und koordiniert seine Bewegungen am Arbeitsmittel. Um den Probandenmonitor nicht ständig umstellen zu müssen, empfiehlt es sich, mehrere Probandenmonitore im PAB zu installieren. Zur weiteren Ausstattung des PAB gehören neben den vorgenannten Elementen auch Leuchten-, Monitor- und Aufnahmehintergrundbefestigungen, Kabelführungen, Kameraadapter (zur Netzstromversorgung), etc.

Für die Einrichtung des PAB am IAO wurden 2 hochauflösende Drei-Röhren-Farbvideokameras vom Typ Ikegamie ITC 730 A ausgewählt. Für die Beleuchtung wurden Metalldampfentladungslampen (Typ Sunlux HQI TS 250, Farbtemperatur 5600 Kelvin) installiert. Zur Anwendung des Croma-Key-Verfahrens wurde der Aufnahmebereich mit blauem Teppichboden ausgekleidet. Die Grundfarbe Blau wurde gewählt, da sie mit nur geringen Anteilen an der Hautfarbe des Menschen beteiligt ist und damit eine gute Bildqualität gewährleistet. Der Aufnahmebereich wird daher nachfolgend auch Blue-box genannt.

6.2.3 Regiebereich

Vom Regiebereich (REB) werden die erforderlichen Arbeitsschritte bei der Anwendung der CADVS geleitet. Die hierfür notwendigen Geräte und Steuerungen sind in einem Regiepult zu integrieren. Von hier aus werden die Verstellfunktionen der Videokameras gesteuert, die jeweiligen Ansichten der CAD-Konstruktionsskizze oder -zeichnung und des Probanden ausgewählt, aufeinander abgestimmt und das Trickbild erstellt und gegebenenfalls dokumentiert. Bei einer normalen Ausstattung des Regiepultes stehen 3 Regiemonitore zur Verfügung. Auf je einem Monitor werden die Ansichten der CAD-Konstruktionsskizze oder -zeichnung und des Probanden dargestellt. Auf dem dritten Monitor wird das aus beiden Bildern erzeugte Trickbild dargestellt. Als Mindestausstattung sollten 2 Regiemonitore zur Verfügung stehen. Hierbei wird auf eine gesonderte Darstellung der Probandenansicht verzichtet und der Proband direkt im Trickbild dargestellt.

Das einem Regiemonitor und dem Probandenmonitor überspielte Trickbild wird mittels eines Videomischers erzeugt. Das Trickbild dient dem Methodenanwender zur Überwachung und Leitung der Mensch-Arbeitsmittel-Interaktion und zur Erkennung der Gestaltungsanforderungen für die Mensch-Arbeitsmittel-Schnittstelle. Über einen Videoverteiler werden die Bildsignale des Trickbildes an die Probandenmonitore und einen Videorekorder (zur Dokumentation) überspielt. Von wesentlicher Bedeutung für die Leistungsfähigkeit sind die Programmfunktionen des Videomischers. Der Videomischer sollte über nachfolgende Hauptfunktionen zur Erstellung des Trickbildes verfügen:

o   Mischen:
Im Mischmodus werden das Videobild des Probanden mit der auf dem CAD-Bildschirm dargestellten und in PAL-Norm überspielten Ansicht des Arbeitsmittels gemischt. Dabei werden beide Bilder vollständig überlagert, d. h. es können keine verdeckten Linien dargestellt werden, sondern die Linien der Skizze oder Zeichnung durchdringen den Körper des Probanden. Durch diese Überlagerung weist das Trickbild gegenüber den Ausgangsbildern etwas geringere Kontraste auf. Mit diesem Modus können verdeckte Linien sichtbar gemacht werden.

o   Wischen:
Für Übergänge, Einblendungen und Markierungen im Trickbild wird die Hauptfunktion Wischen eingesetzt. Vor dem eigentlichen Wischen muß dessen Richtung, Muster und Übergang sowie bei vorhandenem Rand dessen Breite, Farbe und Modulation ausgewählt und eingestellt werden. Über einen Positionierhebel kann das Wischmuster am Bildschirm anschließend beliebig verschoben werden. Die Stellung des Bedienelementes, das als Wischhebel dient, entspricht der Zusammensetzung des Wischbildes aus den beiden Ausgangsbildern des PAB und CAB.

o   Farbstanzen:
In diesem Arbeitsmodus kann das Bild des Probanden in die Skizze/Zeichnung so eingefügt (gestanzt) werden, daß das Bild des Probanden die Linien der Skizze/Zeichnung verdeckt. Die Bildsignale der Skizze/Zeichnung werden nur an der Stelle in das Trickbild übernommen, an denen die Videokameras die Farbe des Aufnahmehintergrundes im PAB aufzeichnen. Als Stanzfarbe ist vom Anwender die Farbe des Hintergrundes einzugeben, von welchem das jeweilige Motiv herausgestanzt werden soll. Im Trickbild wird diese Hintergrundfarbe dann ausgeblendet. Voraussetzung für die Funktion ist das dem Videomischer in den 3 Grundsignalen Rot, Grün, Blau zugeführte Farbbild der Farbvideokameras.

Neben diesen Hauptfunktionen ist es vorteilhaft, wenn über den Videomischer dem Trickbild ein weiteres Videobild zugemischt werden kann (z. B. Einblendungen für Schrift zur Markierung der Trickbilder). Neben diesen Funktionen sollte der Videomischer Möglichkeiten zur Vorschau und Kontrolle der einzelnen Bildsignale zur Abstimmung der angeschlossenen Geräte über die Erzeugung eines Farbbalkens, unabhängig vom Eingangssignal, sowie zur unabhängigen farblichen Hintergrundgestaltung bieten.

Zur Kennzeichnung von Trickbildern ist der Einbau eines Schriftgenerators im Regiepult vorteilhaft. Auf einem Schriftmonitor können verschiedene Titel (z. B. "Vorderansicht 95. Perzentil männlich") geschrieben und vom Schriftgenerator gespeichert werden. Diese Titel können dann an beliebigen Stellen dem jeweiligen Trickbild zugemischt werden. Zur Dokumentation des Trickbildes wird dieses über einen Videorekorder auf Band gespeichert. Sollen einzelne Sequenzen des Trickbildes zusammengeschnitten werden (z. B. zur Präsentation des Gestaltungsergebnisses vor Betriebsärzten, Vertretern der Arbeitnehmer und Entscheidungsträgern zur Freigabe der Konstruktion), empfiehlt sich der Einbau einer Bandschnitt-Steuereinheit. Damit können einzelne Bildsequenzen des (während der Anwendung der CADVS erstellten) Originalbandes auf einem zweiten Videoband beliebig aneinander gefügt werden. Werden Papierbilder von einzelnen Trickbildern gewünscht, kann ein Videokopierer (Hardcopy) im Regiepult integriert werden. Das Regiepult sollte direkt neben dem Aufnahmebereich des PAB im selben Raum aufgestellt sein, um einen guten Sprech- und Blickkontakt zum Probanden zu gewährleisten. Für den REB ist eine Fläche von ca. 8 m^2 vorzusehen.

Für den am IAO installierten REB wurden die nachfolgenden Geräte ausgewählt und in einem Regiepult integriert. Für die Fernsteuerung der Kamerafunktionen wurde ein eigenentwickeltes Pultteil erstellt. Für die Darstellung der aus CAB und PAB ankommenden Bildsignale sowie des Trickbildes wurden 3 Regiemonitore PVM 1370 QM (Fa. Sony) ausgewählt. Für das Mischen und Stanzen der Bilder wurde der Farbtrickmischer WJ 5600 (Fa. Panasonic) ausgewählt. Zur Einblendung von Beschriftungen im Trickbild wurde der Schriftgenerator VTW-210 (Fa. For-A) an den Trickmischer angeschlossen. Der Schriftgenerator ist in der Lage, 8 Seiten mit jeweils 8 Zeilen à 32 Zeichen abzuspeichern und auszugeben.

Das mit dem Farbtrickmischer und dem Schriftgenerator gestaltete Trickbild wird schließlich zur Wiedergabe und weiteren Bearbeitung einem Videorekorder überspielt. Dieses dann auf dem Wiedergaberekorder (U-Matic Rekorder VO 5800 der Fa. Sony) befindliche Bildmaterial wird mit Hilfe einer Bandschnitt-Steuereinheit aufbereitet und als vollständige dynamische Dokumentation einem Aufnahmerekorder (U-Matic Rekorder VO 5850 P der Fa. Sony) übergeben. Bei den für Schnittbetrieb benötigten Rekordern des U-Matic-Systems hat das Magnetband eine Breite von 3/4 Zoll (19,05 mm). Beide Geräte besitzen Regelungsmöglichkeiten für die Spurlage (Tracking: Ausgleich von Spurlagenunterschieden verschiedener Geräte), Schrägfehlerkompensation (Skew: Einstellung der Bandspannung bei verzeichneten Bildteilen) sowie den Ton- und Videopegel (nur Aufnahmerekorder und möglichst im Automatikmodus).

Die Steuerung von Wiedergaben, Aufnahmen, Überspielungen und Band-zu-Band-Schnitten zwischen den auf diesen Rekordern befindlichen Bildmaterialien erfolgt mit der Bandschnitt-Steuereinheit RM 440 (Fa. Sony). Alle für die Anwendung der Schnittverfahren erforderlichen Rekorderfunktionen (z. B. Suchlauf, Einzelbildschaltung) lassen sich auch von dieser Einheit aus steuern. Neben dem Schnittbetrieb eignet sich die Einheit RM 440 u. a. für das Kopieren von Videokassetten.

Soll bereits aufbereitetes Bildmaterial vom Aufnahmerekorder zur weiteren Bearbeitung erneut dem Farbtrickmischer zugespielt werden (z. B. für nachträgliche Beschriftung, Änderungen), so ist dies nur über eine digitale Zeitfehlerkorrektur sinnvoll. Die digitale Zeitfehlerkorrektur (Time-Base-Corrector, FA-400 der Fa. For-A) hat die Aufgabe, digitale Zeitfehler, d. h. unerwünschte Zeilenverschiebungen, auszugleichen. Der hier verwendete Time-Base-Corrector FA 400 besitzt zusätzlich einen Bildspeicher zum "Einfrieren" von Voll- oder Halbbildern. Bei schnellen Bewegungen werden nur Halbbilder eingefroren, da sich der Proband innerhalb der Schreibzeit bereits weiterbewegt haben kann. Zwar besitzen Halbbilder optisch eine geringere Qualität als Vollbilder, sie übertreffen aber trotzdem die Qualität der von einem Videorekorder erstellbaren Standbilder. Über entsprechende Bedienelemente kann der Auslesevorgang getaktet oder kontinuierlich eingestellt werden.

Zur Erstellung von Papierabzügen des Trickbildes steht ein Videokopierer (Hardcopy-Device VGR 400 der Fa. Honeywell) zur Verfügung. Bei dem Gerät handelt es sich um einen Schwarz/Weiß-Kopierer mit einer Auflösung von 6 Linien je Millimeter, wodurch eine hohe Abbildungstreue erzielt wird. Neben der herkömmlichen Wiedergabe des Videobildes (Kopierdauer ca. 16 s) in seinen tatsächlichen Graustufen ist auch eine negative Darstellung mittels invertierter Grauwerte wählbar.

Für die farbige Ausgabe einzelner Analysebilder eignet sich die Photographie vom Bildschirm eines hochauflösenden Studiomonitors (z. B. Farbmonitor BT-M 1400 PSN der Fa. Panasonic).

6.3 Verfahrensschritte zur Analyse und Gestaltung der Mensch-Arbeitsmittel-Schnittstelle

Für die Anwendung der CADVS werden mindestens 2 Personen benötigt: der Methodenanwender (Konstrukteur oder Arbeitsgestalter) und der Proband. Der Methodenanwender ist in der Gerätebedienung und Anwendung der CADVS geschult und verfügt über ausreichende Kenntnis der anthropometrischen Arbeitsgestaltung. Der Proband repräsentiert das Benutzerkollektiv (z. B. männlich, weiblich, ethnologische Abstammung). In der Ausführung der am Arbeitsmittel notwendigen Tätigkeiten, Bewegungsabläufe, etc. ist er geübt. Sind keine Einschränkungen bzgl. des Geschlechts der Benutzer vorgegeben, so werden sowohl ein weiblicher als auch ein männlicher Proband des Benutzerkollektivs benötigt. In anderen Fällen ist entweder ein weiblicher oder ein männlicher Proband erforderlich. Nachfolgend werden kurz die Verfahrensschritte beschrieben, die zur Anwendung der CADVS durchgeführt werden müssen. Es wird dabei davon ausgegangen, daß bereits erste Entwürfe des zu analysierenden bzw. zu gestaltenden Arbeitsmittels auf dem CAD-System vorliegen und seitens des Benutzerkollektivs keine besonderen Einflüsse zu erwarten sind (z. B. Rollstuhlfahrer, Leistungsgewandelte). Es wird dabei die Anwendung der Methode beschrieben jedoch keine Ableitung von Gestaltungsanforderungen aus dem Trickbild. Hierfür wird auf das Anwendungsbeispiel (vgl. Kap. 8) verwiesen.

Der Methodenanwender wählt am CAD-Arbeitsplatz die zu betrachtenden Ansichten des Arbeitsmittels aus und lädt diese Bilder in die Bildspeicher des CAD-Video-Interfaces. Dem Maßstab der Konstruktionsskizze oder -zeichnung entsprechend, werden die zugehörigen Perzentilmaßstäbe aufgerufen und ebenfalls in den Bildspeicher geladen. Für den geometrischen Größenabgleich des Abbildes des Probanden bzw. einzelner Körpermaße stehen verschiedene Perzentilmaßstäbe zur Verfügung (z. B. Armreichweite nach vorn, Oberschenkellänge im Sitzen , Körperhöhe im Sitzen oder Stehen), die am CAD-Arbeitsplatz abgespeichert wurden. Die hierin enthaltenen Körpermaße sind aus anthropometrischen Datensammlungen des zu berücksichtigenden Benutzerkollektivs (z. B. Körpermaße aus DIN 33 402) entnommen. Die Auswahl der Perzentilmaßstäbe erfolgt in Abhängigkeit von der gewählten Ansicht und der einzunehmenden Körperhaltung des Probanden (z. B. Sitzen oder Stehen). Damit sind die Tätigkeiten des Methodenanwenders im CAB abgeschlossen.

Vom REB aus wird nun zunächst das Bild des benötigten Perzentilmaßstabes aus dem Bildspeicher abgerufen und über den Videomischer mit dem Abbild des Pro-

banden gemischt. Über die Ansteuerung der motorischen Verstellung der Objektiv-
brennweite und die motorische Höhenanpassung der Kameraaufnahme wird der
Proband auf das gewünschte Perzentil abgeglichen. In Bild 19 ist dies beispielhaft
für die Armreichweite nach vorn (Draufsicht) und die Körperhöhe im Stehen (Seitenansicht) für das 95. Perzentil männlich dargestellt.

Bild 19:   Abgleich der Körpermaße am Perzentilmaßstab 95. Perzentil männlich
           (links: Armreichweite nach vorn/rechts: Körperhöhe im Stehen)

Der Proband darf nun seinen Abstand zur aufnehmenden Videokamera nicht mehr
verändern. Teilweise empfiehlt es sich, die Position zu markieren. Vom REB wird
die benötigte Ansicht des Arbeitsmittels aus dem Bildspeicher abgerufen, in den
Videomischer übernommen und mit dem Abbild der Versuchsperson überlagert.

Sollte die Grundlinie des Arbeitsmittels nicht mit der Grundlinie des Probanden
(Mittellinie der von beiden Füßen gebildeten Aufstandslinie) übereinstimmen, wie
in Bild 20 beispielhaft dargestellt, so wird die Lage des Probandenabbildes verändert. Hierzu wird über die motorisch verstellbare Kameraaufnahme die Position des
Probanden solange verändert, bis die Grundlinien übereinstimmen (vgl. Bild 21).
Die Brennweiteneinstellung darf dabei nicht verändert werden. Gegebenenfalls
muß der Proband seine Position im Aufnahmebereich verändern, wobei der Abstand zur Videokamera unbedingt eingehalten werden muß.

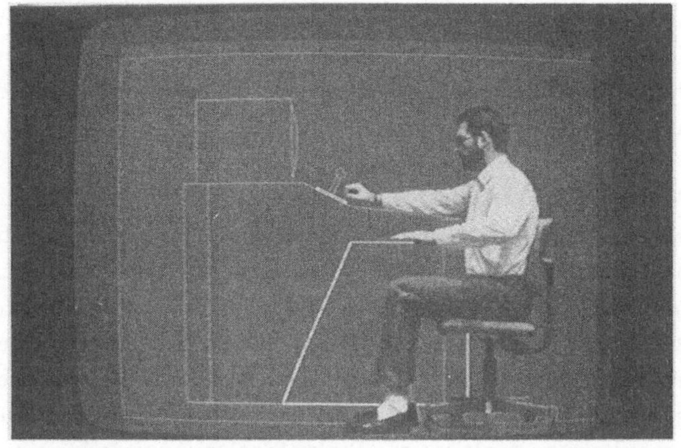

Bild 20: Darstellung eines Trickbildes vor erforderlichlichem Grundlinienabgleich

Bild 21: Darstellung eines Trickbildes nach ausgeführtem Grundlinienabgleich

Zur Vereinfachung des Perzentil- und Grundlinienabgleichs können die benötigten Perzentilmaßstäbe bereits so in der CAD-Konstruktionsskizze oder -zeichnung enthalten sein, daß beim Größenabgleich die Grundlinie des Probanden bereits mit der des Arbeitsmittels übereinstimmt. Beispiele hierfür finden sich in den Bildern 31 - 38 in Kapitel 8. Die beiden Grenzwerte für die Körperhöhe des 5. und 95. Perzentils männlich sind jeweils rechts oben im dargestellten Pressengestell mit 5 % und 95 % gekennzeichnet. Die Körperhöhe des Probanden reicht dabei von der Grundlinie der Maschine bis zu dem gekennzeichneten Perzentilwert.

Nach der Festlegung des Arbeitsablaufes (mittels einer Ablaufbeschreibung, Arbeitsfolgekarten, MTM-Unterlagen o. ä.) führt der Proband alle Arbeitsschritte mehrfach zur Einübung aus (Übungsphase). Besondere Aufmerksamkeit muß der Proband den gezeichneten Konturen des ihm auf einem oder mehreren Probandenmonitoren zugespielten Trickbildes widmen, um Kollisionen mit dem Arbeitsmittel zu vermeiden. Die Probandenmonitore müssen in ihren Positionen so im jeweiligen Blickfeld der Versuchsperson (dem Arbeitsablauf angepaßt) liegen, daß zusätzliche Kopf- oder gar Rumpfbewegungen zur Bildwahrnehmung unterbleiben. Die Koordination der Bewegungsabläufe des Probanden über die visuelle Kontrolle vom Probandenmonitor entspricht erfahrungsgemäß bereits nach wenigen Minuten Übungsphase weitgehend den Bewegungsabläufen an einem real vorhandenen Arbeitsmittel.

Um die Nachbildung eines Arbeitsablaufes realitätsgetreu zu gestalten, können dem Probanden Werkstücke und Werkzeuge sowie die entsprechende Arbeitskleidung (in besonderen Fällen ist eng anliegende Kleidung erforderlich) und Hilfsmittel zur Verfügung gestellt werden. Durch die daraus oftmals resultierenden Belastungen des Körpers wird ein realitätsnahes Nachvollziehen von Arbeitsabläufen erleichtert. Als nachteilig erweist sich bei der Analyse, daß im Trickbild sichtbare Hilfsmittel bei einer videotechnischen Größenänderung des Probanden mit erfaßt werden. Soll dieser Umstand ausgeschlossen werden, muß der Proband selbst in seinen Abmessungen nahezu das benötigte Perzentil aufweisen, oder es müssen unterschiedliche Größenklassen dieser Hilfsmittel bereitgestellt werden.

Neben den im Trickbild sichtbaren Werkzeugen, Werkstücken, etc. erweisen sich in der Farbe des Aufnahmehintergrunds gehaltene - und damit im Trickbild unsichtbare - Markierungs- und Abstützungshilfsmittel als sehr hilfreich. Damit können z. B. Ablagen für Werkzeuge und Werkstücke, die in der CAD-Konstruktionsskizze und -zeichnung vorgesehen sind auch als solche benutzt werden, oder der Proband kann sich am Arbeitsmittel aufstützen. Damit wird der Realitätsbezug weiter verbessert, ohne daß diese Hilfsmittel im Trickbild sichtbar werden und damit die hohe Bildqualität beeinträchtigen könnten. Hierzu hat sich die Verwendung von farblich angelegten Hartschaumquadern unterschiedlicher Form und Größe bewährt.

Während der Einstellung des Trickbildes erhält der Proband Anweisungen vom Methodenanwender bezüglich der Durchführung signifikanter Arbeitssequenzen, der Wiederholung oder Korrektur entsprechender Bewegungsabläufe etc. Die nebeneinander liegende Anordnung von PAB und REB ermöglicht einen ständigen Dialog zwischen Methodenanwender und Proband. So kann der Proband beispielsweise als unangenehm empfundene Körperhaltungen und -stellungen dem Methodenanwender mitteilen, die von diesem notiert werden.

Die Dokumentation des Trickbildes erfolgt auf einem Videoband. Mit der Bandschnitt-Steuereinheit kann die Szenenfolge und -auswahl nachträglich modifiziert werden. Bereits im Verlauf der Analyse über den Schriftgenerator eingebrachte Bemerkungen und Kommentare können dabei mit neuen Texten ergänzt werden. Neben der dynamischen Dokumentation auf Videobändern können von einzelnen Trickbildern über den Videokopierer Papierabzüge erstellt werden.

Die während der Erstellung des Trickbildes erkannten notwendigen Veränderungen an der Konstruktionsskizze oder -zeichnung werden im CAB ausgeführt. Diese Änderungen können auch interaktiv erfolgen, sofern der CAB in räumlicher Nähe zum REB installiert ist. Dabei wird die Analyse immer dann unterbrochen, wenn Gestaltungsmängel erkannt werden. Die notwendigen Änderungen werden am CAD-Arbeitsplatz ausgeführt und neuerlich überprüft. Diese Vorgehensweise empfiehlt sich allerdings nur dann, wenn die notwendigen Änderungen rasch ausgeführt werden können.

Nach Abschluß der Analyse für ein gewähltes Perzentil (z. B. 95. Perzentil männlich) wird der gesamte Ablauf für beliebige andere Perzentile wiederholt (z. B. 5. Perzentil männlich), um den gesamten Anpaßbereich abdecken zu können. Die Beurteilung des Gestaltungszustandes und Ableitung der Gestaltungsanforderungen der Mensch-Arbeitsmittel-Schnittstelle erfolgt, wie bei allen Methoden zur Analyse und Gestaltung, durch den Methodenanwender. Hierfür muß er geschult und gegebenenfalls anhand von Checklisten /29/ zur Überprüfung aller Gestaltungsanforderungen unterstützt werden. Er achtet dabei insbesondere auf die richtige Dimensionierung der Freiräume, Greif- und Sehräume, Anordnung der Stellteile und Anzeigen, belastungsarme Körperhaltungen, ausreichende Möglichkeiten zur Änderung einmal eingenommener Körperhaltungen (z. B. dynamisches Sitzen), Vermeidung von Zwangshaltungen und statischen Körperkräften, kollisionsfreie Bewegungsabläufe, die Anmerkungen des Probanden u. v. m..

Perspektivische Ansichten (3-dimensionale Darstellungen) von Arbeitsmitteln sind besonders gut geeignet, um einen ganzheitlichen Eindruck von der Mensch-Arbeitsmittel-Schnittstelle zu erhalten. Dabei ist darauf zu achten, daß die sich gegebenenfalls mit der Perspektive verändernden Abmessungen des Arbeitsmittels im gleichen Verhältnis ändern, wie diejenigen des Abbildes des Probanden. Es muß sichergestellt werden, daß das Abbild des Probanden an jeder Stelle des Arbeitsmittels dem zugehörigen Maßstab entspricht.

Bei der Analyse einer Mensch-Arbeitsmittel-Schnittstelle können auch mehrere Probanden gleichzeitig im Aufnahmebereich sein. Die an die Auswahl der Probanden zu stellenden Anforderungen werden im nachfolgenden Kapitel innerhalb der durchgeführten Fehlerbetrachtung beschrieben.

6.4 Fehlerbetrachtung des Gesamtsystems CAD-Video-Somatographie

Alle Methoden zur anthropometrischen Arbeitsgestaltung modellieren eine Mensch-Arbeitsmittel-Interaktion. Dabei werden entweder der Mensch, das Arbeitsmittel oder beide modelliert. Diese Modellierung ist mit Fehlern gegenüber der Realität behaftet. In der Literatur zu den Methoden finden sich teilweise Angaben zu den Fehlern des technischen Systems - sofern eine gerätetechnische Ausstattung erforderlich ist - und Angaben über die getroffenen Vereinfachungen bei der Modellierung des Menschen. Umfassende Fehlerbetrachtungen werden in der Regel nicht durchgeführt. Allgemeingültige Aussagen über maximal zulässige Fehler bei der Anwendung einer Methode werden nicht gemacht.

Innerhalb dieses Kapitels wird eine Abschätzung des Gesamtfehlers der CADVS vorgenommen. Aufgrund des komplexen Zusammenwirkens unterschiedlicher menschlicher und technischer Komponenten der hier vorgestellten Methode, ist die direkte Quantifizierung von Fehlergrößen bzw. die unmittelbare Angabe eines maximal zulässigen Fehlers nicht immer explizit möglich. An den entsprechenden Stellen gestatten empirisch ermittelte und praktisch erprobte Verfahrensweisen, die möglichen Fehler zu beschreiben. Fehler, die auf die unsachgemäße Anwendung der Laborelemente, auf die Nichtbeachtung bestehender Normen oder Richtlinien sowie unzutreffende ergonomische Interpretationen zurückzuführen sind, werden - soweit sie methodenunabhängig sind - in den folgenden Abschnitten nicht betrachtet. Die Fehlerquellen bei der Anwendung der CADVS lassen sich in fünf wesentliche Bereiche unterteilen:

o   Das technische System als Instrument zur Aufnahme und Umsetzung von optischen bzw. elektronischen Signalen,

o   die Bewegungsraum-/Objekttiefe als unterschiedlicher Aufnahmeabstand zwischen Videokamera und Proband,

o   der Proband als Repräsentant eines Benutzerkollektivs und die Nicht-Linearität der Körpermaße,

o   die Simulation der Mensch-Arbeitsmittel-Interaktion und

o   die Beurteilung dieser Interaktion durch den Methodenanwender.

Die Fehlerquellen der ersten drei Bereiche lassen sich überwiegend quantitativ, die der beiden letzten Bereiche nur qualitativ beschreiben. Die quantifizierbaren Fehler beziehen sich auf die in Kapitel 6.2 beschriebene Ausstattung des am IAO installierten CADVSL sowie auf die Analyse und Gestaltung von Arbeitsmitteln für die berufstätige Bevölkerung der Bundesrepublik Deutschland. Die Fehler werden als relative Fehler F angegeben und beschreiben die Abweichung von der Realität in Prozent.

Der in Gleichung (4) dargestellte quantifizierbare Gesamtfehler (F_G) der CADVS ist die Summe aus dem technischen Fehler (F_T), dem aus der Bewegungsraum-/Objekttiefe resultierenden Fehler (F_O) und dem probandenspezifischen Fehler (F_P):

$$F_G = F_T + F_O + F_P \qquad (4)$$

6.4.1   Technisches System

Bei der CADVS wird das Abbild eines Probanden mit einem CAD-Bild überlagert. Dabei können Fehler der eingesetzten Technik in der optischen und elektronischen Signalübertragung entstehen, die als F_T quantifiziert werden. Umwandlungen eines Objektes in ein Bild (hier Aufnahme des Probanden im PAB) über eine optische Linse haben in der Abbildungsebene (hier Target der Videokamera) Ungenauigkeiten zur Folge, die auch als "Seidel'sche Abbildungsfehler" /15/ bezeichnet werden. Die häufigsten Linsenfehler finden sich nachstehend kurz erläutert:

o <u>Chromatische Aberration/Farbfehler</u>
Ursache dieser Unschärfe ist die Dispersion des Lichtes. In Abhängigkeit von der Wellenlänge ändert sich der Brechungsindex n des Linsenwerkstoffes. Als Folge liegt der Brennpunkt für blaues Licht näher an der Linse als für rotes. Durch Zusammenfügen einer stärkeren Sammellinse aus Kronglas (n = 1,52 - 1,57) mit einer Zerstreuungslinse aus Flintglas (n = 1,62 - 1,74) lassen sich als einfachste Korrektur die Brennpunkte von zwei Spektrallinien auf einen Punkt reduzieren. Solcherart korrigierte Objektive nennt man "Achromaten".

o <u>Sphärische Aberration/Zonenfehler</u>
Aus der Geometrie ist bekannt, daß sich nur bei einer Parabel paraxiale Strahlen (Strahlen, die parallel sowohl der Symmetrieachse der Parabel als auch zu benachbarten Strahlen verlaufen) genau im Brennpunkt sammeln. Bei allen anderen rotationssymmetrischen Formen bildet sich eine Trennfläche (Kaustik) aus. Da bei den handelsüblichen Objektiven die Linsen jedoch fast ausnahmslos sphärische Oberflächen haben, liegt der Brennpunkt für achsenferne Strahlen näher an der Linse als für achsennahe. Abhilfe bietet hier das Ausblenden solcher Randstrahlen durch die Wahl einer kleineren Blende während der Aufnahme.

o <u>Koma/Asymmetriefehler</u>
Gegenstandspunkte, die weiter außerhalb der optischen Achse liegen, treffen als schiefe, nicht parallele Lichtstrahlen auf die Linse. Statt Bildpunkten entstehen gekrümmte Bildfiguren mit ovaler, kometenähnlicher Form. Auch bei entsprechend korrigierten Objektiven (Aplanaten) kann die Bildqualität durch starkes Abblenden zusätzlich verbessert werden.

o <u>Astigmatismus/Punktlosigkeit</u>
Ist die Begrenzungsfläche der Linse keine exakte Kugelfläche, sondern eine Fläche mit unterschiedlichen Krümmungsradien in zwei zueinander senkrechten Meridianschnitten, so schneiden sich achsenparallele Strahlen in den genannten Ebenen in zwei differenten Brennpunkten, wodurch außerhalb der optischen Achse gelegene Gegenstandspunkte eine elliptische Abbildung erfahren. Entsprechend korrigierte Linsensysteme werden als Anastigmate bezeichnet.

Neben diesen, auf die Linsen der Objektive beschränkten Fehlerquellen /46, 47/, kann der Einfluß von Bildfeldwölbung (bogenförmige Verformung der Abbildungsebene) und Distorsion (kissen- oder tonnenförmige Verzeichnung als Folge konstruktiv ungünstiger Anordnung der Blende) bei den verwendeten 3-Röhren-Farb-

Videokameras unter Einhaltung der in Abschnitt 6.2.2 angegebenen Mindestabstände zum Probanden als praktisch unbedeutend bezeichnet werden.

Fehler in der elektronischen Signalübertragung des Probandenbildes auf dem Target (Abbildungsebene) der Videokamera, bei der Umsetzung des CAD-Bildes in die PAL-Norm und Überlagerungen beider Bilder im Trickbild sowie in dessen Darstellung auf einem Monitor können in allen an der Signalübertragung beteiligten Elektronikkomponenten entstehen. Dabei können sich die Fehler der einzelnen Komponenten addieren und subtrahieren.

Bei der gegebenen Zahl von Geräten sowie ihren verschiedenen Einstellmöglichkeiten würde daher eine Fehlerbetrachtung jeder einzelnen Komponente nur zu einer vergleichsweise unscharfen Aussage führen. Präziser und praxisorientierter ist dagegen eine gesamtheitliche Fehlerermittlung in Form der Überprüfung der elektronischen Signalübertragungskette mit geeigneten Testbildern. Testbilder sind dabei einfache und kostengünstige Prüfmittel, die zudem mit geringem Aufwand selbst hergestellt werden können.

Für die CADVS eingesetzte Testbilder (vgl. Anhang 11.9 Bilder A-9 und A-10) gestatten die Ermittlung von Längenabweichungen in horizontaler und vertikaler Bildrichtung. Zusätzlich in den Ecken der Testbilder angebrachte konzentrische Kreise gestatten eine Einstufung des erzeugten Programmbildes hinsichtlich seiner Verzerrungsfreiheit nach erfolgter Mischung. Das Vorgehen bei der Überprüfung des Laborsystems ist dem bei der Anwendung der CADVS angepaßt. So wird im PAB das entsprechende Testbild (formatfüllend) aufgenommen, während der Methodenanwender dessen Gegenstück im CAB am Bildschirm erzeugt. Wurden die Testbilder einmal in Form von Graphikdaten im CAD-System gespeichert, ist ihr Zurückladen bzw. Ausdrucken (auf verzerrungsfreier Zeichenfolie) bei Bedarf jederzeit wiederholbar.

Nach dem geometrischen Abgleich der über den Mischer zusammengelegten Bilder liefert der Versatz der auf den horizontalen Linien angeordneten noniusartigen Keile auf der rechten bzw. linken Testbildseite den Längenfehler beider Testbilder relativ zueinander, jeweils bezogen auf die Bildmitte.

Bei dieser Vorgehensweise werden alle technischen Fehler F_T erfaßt. Neben den Fehlern der Signalübertragung werden auch ggf. optische Fehler der Videokameras mitberücksichtigt. Zur Bestimmung des technischen Fehlers aus der Mischung der beiden Testbilder im Trickbild werden die Abweichungen der in den Testbildern enthaltenen Keile, wie in Bild 22 dargestellt, ermittelt. Dabei beschreibt jede von der Nullinie entfernte Linie einen Fehler von 1,25 %. Auf diese Weise ermittelte relative Abweichungen ergeben nach sorgfältiger Justage und Abstimmung aller technischen Komponenten einen Fehler von $F_T = 1 - 2\,\%$.

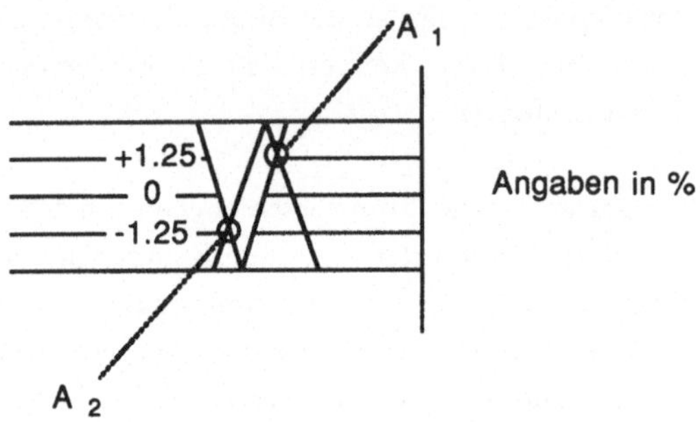

A_1 : Abweichung an der rechten Keilseite

A_2 : Abweichung an der linken Keilseite

$F_T = A_2 - A_1$ in %

Bild 22: Beispielhafte Ermittlung des technischen Fehlers F_T aus der Abweichung der im Trickbild gemischten Testbilder aus Anhang 11.9

6.4.2 Bewegungsraum-/Objekttiefe

Ein gutes Objektiv bildet ein Objekt proportional zu dem Winkel ab, unter dem die von ihm ausgehenden Lichtstrahlen auf das Objektiv treffen. Da die Lichtstrahlen weiter entfernter Objekte unter einem kleineren Winkel als die Lichtstrahlen von gleich großen, näher gelegenen Objekten das Objektiv erreichen, werden sie demzufolge kleiner auf dem Target der Videokamera abgebildet. Für die CADVS kann dies einen möglichen Fehler bedeuten, da bei der Überlagerung des Probandenbildes mit dem CAD-Bild unterschiedliche Aufnahmeabstände zu einzelnen Körperteilen oder -partien auftreten. Dieses durch die räumliche Tiefe des aufzunehmenden Objektes (Objekttiefe, z. B. Abstand des linken und rechten Armes des Probanden in der Seitenansicht) veränderte Größenabbildung verstärkt sich noch, wenn sich das Objekt von der Kamera entfernt oder auf sie zubewegt (z. B. Bewegungen des Probanden in der Tiefe des Aufnahmebereiches im PAB). Nachfolgend werden beide Einflüsse über das Maß c der Bewegungsraum-/Objekttiefe berücksichtigt. Der Einfluß der Gegenstandsweite a (Aufnahmeabstand) und der Bewegungsraum-/Objekttiefe c unter Berücksichtigung der Gegenstandshöhe H (Körperhöhe des Probanden) auf die Größe des Abbildes auf dem Target der Videokamera (Abbildungsebene) ist in Bild 23 dargestellt.

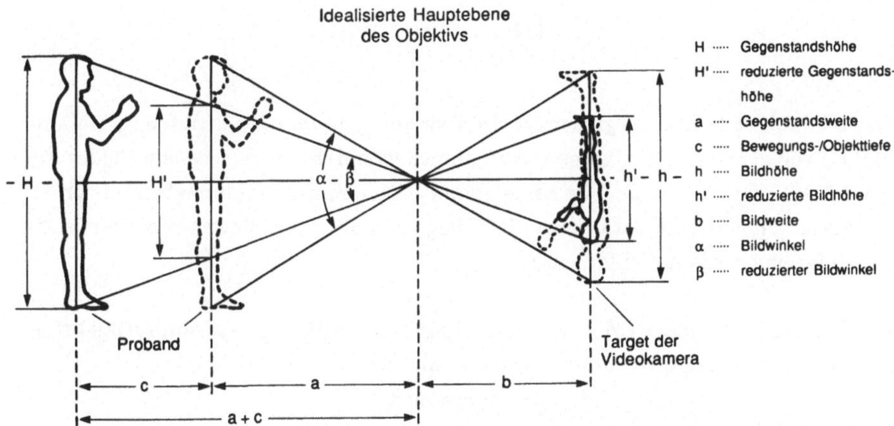

Bild 23:   Einfluß des Aufnahmeabstandes auf die Abbildungsgüte

Unter Berücksichtigung der in vorstehendem Bild geltenden Beziehungen

$$\frac{H}{H'} = \frac{h}{h'} \tag{5}$$

läßt sich der Fehler F_O berechnen aus

$$F_O = \frac{h-h'}{h} = \frac{H-H'}{H} \tag{6}$$

Bei unverändertem Bildfeldwinkel (konstante Brennweite) gilt ferner:

$$\tan\frac{\beta}{2} = \frac{H'}{2a} = \frac{H}{2(a+c)} \tag{7}$$

Damit ergibt sich durch Einsetzen von Gleichung (7) in Gleichung (6) der Fehler F_O

$$F_O = \frac{2(a+c)\tan\frac{\beta}{2} - 2a\tan\frac{\beta}{2}}{2(a+c)\tan\frac{\beta}{2}} \tag{8}$$

oder

$$FO = \frac{c}{a + c} \tag{9}$$

Bei Tolerierung eines vorgegebenen Fehlers kann damit die Bewegungsraum-/Objekttiefe c unter Berücksichtigung der gewählten Gegenstandsweite a (entspricht dem Aufnahmeabstand im CADVSL) aus Gleichung (9) berechnet werden:

$$c = \frac{FO}{1 - FO} \, a \tag{10}$$

Das nachfolgende Bild 24 gibt mögliche Bewegungsraum-/Objekttiefen in Abhängigkeit von der Gegenstandsweite (Aufnahmeabstand) bei zugelassenem Fehler F_O von 15, 10, 5 und 1% an. So folgt beispielsweise bei einem Aufnahmeabstand von 10 m (wie in dem am IAO installierten PAB gegeben) und einer Bewegungsraum-/Objekttiefe von 50 cm ein Fehler von ca.5 %.

Bei der Anwendung der CADVS treten üblicherweise Bewegungsraum-/Objekttiefen von 20 - 30 cm auf. Damit beträgt der Fehler $F_O = 2 - 3 \%$.

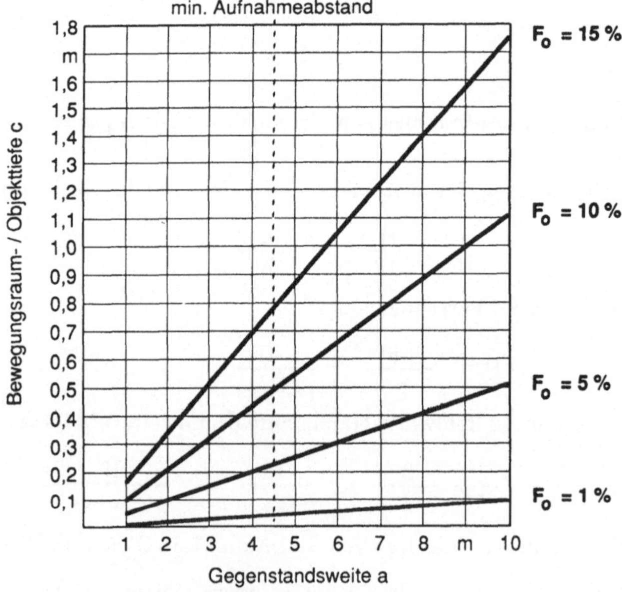

Bild 24: Einfluß der Gegenstandsweite a auf die Bewegungsraum-/Objekttiefe c bei verschiedenen zulässigen Fehlern F_O.

Der Fehler F_O kann weiter reduziert werden, wenn eine fluchtpunkt-perspektivische Ansicht der auf dem CAD-System erstellten Konstruktionsskizze/-zeichnung generiert wird. Dabei müssen sich die Maße des Arbeitsmittels in der Tiefe der jeweiligen Ansicht im gleichen Verhältnis ändern, wie sich das Abbild des Probanden auf dem Target der Videokamera ändert. Diese Vorgehensweise ist jedoch erst dann sinnvoll, wenn die Bewegungsraumtiefe des Probanden mehr als 50 cm beträgt.

6.4.3 <u>Proband</u>

Bei der Anwendung der CADVS stellen die Abbilder der Probanden zumindest die Perzentilgrenzwerte des jeweiligen Benutzerkollektivs (5. und 95. Perzentil) dar. Da es für die Anwendung der CADVS sehr erschwerend wäre, jeweils einen Proband zur Verfügung zu haben, der annähernd dem 5. bzw. 95. Perzentil entspricht, wird in der Regel das Abbild des Probanden an das jeweilige Perzentil angepaßt. Bei der Auswahl des Probanden ist darauf zu achten, daß dieser das Benutzerkollektiv nach ethnischer Gruppenzugehörigkeit und Geschlecht repräsentiert. Aufgrund des unterschiedlichen Körperbautyps von Männern und Frauen kann dies bei der Anwendung der CADVS bedeuten, daß zwei Probanden benötigt werden. Bei diesen Probanden sollte es sich um Personen mit normal proportioniertem Körperbau im mittleren Perzentilbereich handeln. Der Proband sollte normal gekleidet sein und übliches Schuhwerk (z. B. Arbeitsschuhe bei der Arbeitsmittelgestaltung in der Fertigung) tragen. Um gute Körperkonturen bei der Anwendung des Croma-Key-Verfahrens zu gewährleisten, sollte sich die Kleidung des Probanden in Farbe und Kontrast vom Aufnahmehintergrund abheben.

Da nach Haslegrave /51/ eine signifikante Korrelation zwischen einzelnen Körpermaßen besteht (z. B. zwischen Körperhöhe, Augenhöhe, Schulterhöhe, Kniehöhe, Oberschenkellänge, Reichweite), ist es zulässig, einen Probanden zur Analyse und Gestaltung der Mensch-Arbeitsmittel-Schnittstelle heranzuziehen. Da jedoch nicht alle Körpermaße vom kleinsten bis zum größten Perzentil über einen linearen Vergrößerungsfaktor erzeugt werden können (vgl. DIN 33402), entsteht bei der Anpassung des Probandenbildes an das 5. oder 95. Perzentil der Probandenfehler F_p. Der größte Fehler wird dabei hervorgerufen, wenn ein kleines Perzentil auf ein großes angepaßt wird. In den Bildern 25 und 26 ist dargestellt, wie sich die Maße der Reichweite nach vorn, die der Körpersitzhöhe und Gesäßbeinlänge gegenüber den in der DIN 33402 angegebenen Werten verändern, wenn die Körperhöhe als Leitgröße vom 5. auf das 95. Perzentil und umgekehrt linear angepaßt wird.

Wird ein männlicher Proband (vgl. Bild 25) mit einer Körperhöhe von 1629 mm
(= 5. Perzentil ohne Schuhwerk) so abgebildet, daß er im Trickbild die Körperhöhe
von 1841 mm (= 95. Perzentil ohne Schuhwerk) einnimmt, so ergibt sich bei der
Reichweite nach vorn ein Fehler von -5,0%. Es ergibt sich somit eine Reichweite von
748 mm im Gegensatz zu den in der Norm festgehaltenen 787 mm. Im Bild 26 ist für
weibliche Probanden dargestellt, wie sich die Maße Körperhöhe, -sitzhöhe und Gesäßbeinlänge verändern, wenn das Maß Reichweite nach vorn vom 5. auf das 95.
Perzentil und umgekehrt angepaßt wird.

Der Fehler F_P kann durch Auswahl von Probanden im mittleren Perzentilbereich
und durch einen gezielten Abgleich des relevanten Körpermaßes, wie es bei der Anwendung der CADVS benötigt wird (z. B. Armreichweite, Oberschenkellänge, Körperhöhe im Sitzen), stark minimiert werden. So wird beispielsweise bei der Untersuchung von Reichweitenräumen nicht die Körperhöhe des Probanden auf das 5.
Perzentil abgestimmt, sondern direkt die Reichweite. Der dabei entstehende Fehler
des Körpermaßes Körperhöhe ist für die Reichweitenuntersuchung vernachlässigbar. Sofern ausreichende Perzentilmaßstäbe zur Verfügung stehen (vgl. Kap. 6.3),
liegt der Probandenfehler für den praktischen Einsatz der CADVS bei F_P = 1 - 3 %.

Geschlecht   : männlich   Vergrößerungsfaktor : 1,13
Abgleichgröße : Körperhöhe   Verkleinerungsfaktor : 0,88

Werte / Körpermaß	Istwerte nach DIN 33402		Vergrößerung vom 5. zum 95. Perz.		Verkleinerung vom 95. zum 5. Perz.	
	5. Perz. [mm]	95. Perz. [mm]	Rechen-wert [mm]	Fehler [%]	Rechen-wert [mm]	Fehler [%]
Körperhöhe	1629	1841	1841	-	1629	-
Reichweite nach vorn	662	787	748	-5,0	692	4,5
Körper-sitzhöhe	849	962	959	-0,3	846	-0,3
Gesäß-Beinlänge	964	1125	1089	-3,2	990	2,6

Bild 25:   Probandenspezifische Fehler F_P in der CADVS - Abgleich der Körperhöhe für Männer

Geschlecht : weiblich Vergrößerungsfaktor : 1,24
Abgleichgröße : Reichweite nach vorn Verkleinerungsfaktor : 0,81

Werte / Körpermaß	Istwerte nach DIN 33402		Vergrößerung vom 5. zum 95. Perz.		Verkleinerung vom 95. zum 5. Perz.	
	5. Perz. [mm]	95. Perz. [mm]	Rechenwert [mm]	Fehler [%]	Rechenwert [mm]	Fehler [%]
Körperhöhe	1510	1725	1868	8,2	1394	-7,6
Reichweite nach vorn	616	762	762	-	616	-
Körpersitzhöhe	805	914	996	8,9	739	-8,1
Gesäß-Beinlänge	955	1126	1181	4,9	910	-4,7

Bild 26: Probandenspezifische Fehler F_P in der CADVS - Abgleich der "Reichweite nach vorn" für Frauen

6.4.4 Mensch-Arbeitsmittel-Interaktion

Die Mensch-Arbeitsmittel-Interaktion beinhaltet die notwendigen Bewegungsabläufe und auszuführenden Tätigkeiten eines Menschen an einem Arbeitsmittel. Fehler können dabei durch unnatürliche Bewegungsabläufe und realitätsfremde Körperhaltungen, -stellungen, etc. entstehen. Derartige Fehler entstehen insbesondere dann, wenn ein Methodenanweder die Mensch-Arbeitsmittel-Interaktion vollständig beeinflussen kann. Dies ist bei allen konventionellen modellorientierten und bei einigen rechnerunterstützen Methoden möglich. In Unkenntnis des realen Bewegungsablaufes oder der sich beispielsweise bei einer beidhändigen Kopplung an einem handgeführten Arbeitsmittel ergebenden Körperhaltung und -stellung können von der Realität abweichende Mensch-Arbeitsmittel-Interaktionen simuliert werden.

Bei der Anwendung der CADVS können diese Fehler nur in geringem Umfang auftreten, da ein realer Mensch die Mensch-Arbeitsmittel-Interaktion ausführt.

Dadurch werden weitgehend natürliche Körperhaltungen und -stellungen sowie Bewegungsabläufe gewährleistet. Dies wird insbesondere durch die Möglichkeiten der Verwendung von Werkstücken, Werkzeugen, Abstützflächen und die Einwirkung äußerer Kräfte und Momente auf den Probanden bei der CADVS erreicht. Dennoch können bei nicht ausreichender Übung des Probanden vor allem verlangsamte und vorsichtige Bewegungsabläufe auftreten. Der Methodenanwender und der Proband müssen auf die Vermeidung derartiger Fehler achten.

Die möglichen Fehler in der Simulation der Mensch-Arbeitsmittel-Interaktion entziehen sich in der Regel einer exakten Quantifizierung. So treten inter- und intraindividuelle Schwankungen bei der Ausführung gleicher Bewegungen auf. Eine eindeutige Bewegungsbahn als Referenzkurve zur Bestimmung von Abweichungen bei der Anwendung einer Methode kann damit nicht angegeben werden. Zur Klärung dieser Fragestellung sind weitere Forschungsarbeiten notwendig.

Es kann jedoch zusammenfassend festgestellt werden, daß die CADVS im Vergleich zu den ausgewählten Methoden unabhängig von der Erfahrung des Methodenanwenders die höchste Qualität der Mensch-Arbeitsmittel-Interaktion erzeugt. Die Bewegungsabläufe und auszuführenden Tätigkeiten an einem Arbeitsmittel können erfahrungsgemäß nach hinreichender Übung des Probanden mit ausreichender Genauigkeit ausgeführt werden.

6.4.5   Beurteilung durch den Methodenanwender

Die Beurteilung des Gestaltungszustandes einer Mensch-Arbeitsmittel-Schnittstelle erfordert bei allen beschriebenen Methoden einen qualifizierten Methodenanwender. Er muß in der Anwendung der Methode und der Vorgehensweise der anthropometrischen Arbeitsgestaltung geschult sein. Die Qualität einer Mensch-Arbeitsmittel-Schnittstelle ist damit einerseits von der Qualifikation und Erfahrung des Methodenanwenders, andererseits von der Methode selbst abhängig.

Gewährleistet eine Methode eine anschauliche und leicht nachvollziehbare Mensch-Arbeitsmittel-Interaktion, können die Gestaltungsdefizite und Anforderungen leichter durch den Methodenanwender erkannt werden. Die Qualität der Beurteilung wird damit besser. Durch den Einsatz eines realen Menschen ist dies bei der CADVS in hohem Maße gegeben. Die Beurteilungsqualität durch den Methodenanwender wird gerade dadurch noch erhöht. So teilt der Proband dem Methodenanwender subjektiv empfundene Zwangshaltungen, ungünstige Bewegungsabläufe, Muskelbeanspruchungen, etc., die von der Gestaltung des Arbeitsmittels hervorgerufen werden können, während der Anwendung der CADVS mit. Über die Verwendung von ergonomischen Checklisten und Anforderungslisten der anthropometrischen Arbeitsgestaltung können Fehler in der Beurteilung weiter verringert werden /29/.

Zusammenfassend ist festzustellen, daß Fehler in der Beurteilung weitgehend methodenunabhängig sind. Dennoch läßt die CADVS durch den Einsatz eines realen Menschen eine höhere Beurteilungsqualität erwarten als andere Methoden.

6.4.6 Gesamtfehler

Die aus der Simulation der Mensch-Arbeitsmittel-Interaktion und deren Beurteilung durch den Methodenanwender hervorgerufenen Fehler sind weitgehend methodenunabhängig und entziehen sich in der Regel einer Quantifizierung. Der quantifizierbare Gesamtfehler F_G der CADVS läßt sich über die Addition der Einzelfehler aus Gleichung (4) bestimmen. Bei einem Fehler des technischen Systems $F_T = 1 - 2\,\%$, einem Fehler aus der Bewegungsraum-/Objekttiefe $F_O = 2 - 3\,\%$ und einem vom Probanden hervorgerufenen Fehler $F_P = 1 - 3\,\%$ ergibt sich ein maximaler Gesamtfehler $F_G = 4 - 8\,\%$. Die maximale Fehlerspanne ist abhängig von der Art der zu analysierenden oder zu gestaltenden Mensch-Arbeitsmittel-Schnittstelle. Diese Fehlerspanne von F_G entsteht dann, wenn alle Einzelfehler mit dem gleichen Vorzeichen behaftet sind. In der Praxis ist mit unterschiedlichen Vorzeichen der Einzelfehler zu rechnen, so daß sich geringe Gesamtfehler ergeben können.

Unter Zugrundelegung der berechneten maximalen Fehlerspanne von $F_G = 4 - 8\,\%$ wirkt sich dies beispielsweise auf die Reichweite nach vorn des 5. Perzentils weiblich (vgl. Bild 26) - die üblicherweise zur Dimensionierung des Greifraums herangezogen wird- wie folgt aus: Bei einem maximalen Gesamtfehler von $F_G = 4\,\%$ beträgt die Abweichung 24,6 mm; bei $F_G = 8\,\%$ beträgt die Abweichung 49,3 mm.

Obwohl in der Literatur keine Grenzwerte für maximal zulässige Fehler bei der Simulation einer Mensch-Arbeitsmittel-Schnittstelle angegeben werden, ist davon auszugehen, daß die errechneten maximalen Fehler bei der Anwendung der CADVS als tolerierbar angesehen werden können. Dabei ist zu berücksichtigen, daß diese maximalen Fehler in sehr seltenen Anwendungsfällen der CADVS auftreten. Darüber hinaus sind die spezifischen Vorteile der CADVS (vgl. Kap. 7) bei der Gesamtbeurteilung der Methoden zu berücksichtigen.

6.5 Anwendungsgebiete und Einsatzgrenzen der entwickelten Methode

Die CADVS ist eine indirekt probandenorientierte Methode zur anthropometrischen Arbeitsgestaltung. Sie erweist sich dabei als für die Entwicklungs- und Konstruktionsaufgaben auf CAD-Systemen (in Verbindung mit PCs oder Workstations, bzw. Zentralrechnern) einsetzbar. Die Methode kann damit auf alle in Kap. 2.2 beschriebenen Aufgabenstellungen und Vorgehensweisen der statischen und dynamischen Analyse und Gestaltung von Mensch-Arbeitsmittel-Schnittstellen angewandt werden.

Aufgrund der bisher vorliegenden Erfahrungen bei der Anwendung der Methode sind keine Einschränkungen bezüglich der Arbeitsmittel und Benutzerkollektive bekannt. Bei den Arbeitsmitteln reicht das mögliche Spektrum von Büro-, Montage- und Maschinenarbeitsplätzen über Fahrerarbeitsplätze bis zu Geräten und Werkzeugen. Über das bei der anthropometrischen Arbeitsgestaltung üblicherweise zu berücksichtigende Benutzerkollektiv der berufstätigen erwachsenen Bevölkerung hinaus, kann die Methode auch die maßlichen Besonderheiten anderer Benutzerkollektive (z. B. schwangere Frauen, Rollstuhlfahrer) berücksichtigen.

Neben der Anwendung auf Fragestellungen der Arbeitsmittelgestaltung kann die CADVS auch zur Analyse und Gestaltung der Arbeitsmittelanordnung in einem Raum (z. B. Layoutplanung) herangezogen werden. Hierzu ist eine perspektivische Ansicht des Raumes auf dem CAD-Bildschirm derart darzustellen, daß im Trickbild die Maße des Probanden an jeder Stelle des Raumes mit denen der Arbeitsmittel im Raum übereinstimmen (vgl. Abschnitt 6.4.2).

Bei der Arbeitsmittelgestaltung wie auch bei deren Anordnung im Raum sind die Einsatzgrenzen der Methode im wesentlichen durch das verwendete CADVSL und die darin installierten Geräte sowie die Probanden bestimmt. So wird die Größe des zu gestaltenden Arbeitsmittels bzw. des zu planenden Layouts von den Abmessungen des Aufnahmebereiches begrenzt (vgl. Abschnitt 6.2.2). Die Darstellbarkeit einzelner Körperteile (z. B. Hand-Arm-System) des Probanden wird durch die Wahl der eingesetzten Objektive an den Videokameras und deren Abstand vom Probanden bestimmt (vgl. Abschnitt 6.2.2). Sofern das eingesetzte CAD-System (vgl. Abschnitt 6.2.1) keine 3-dimensionalen fluchtpunkt-perspektivischen Ansichten von Arbeitsmitteln oder deren Anordnung im Raum generieren kann, ergeben sich Einschränkungen bei der zulässigen Bewegungsraumtiefe (vgl. Abschnitt 6.4.2). Werden aufgrund der geforderten Mensch-Arbeitsmittel-Interaktion zwei oder mehr Probanden benötigt, so können Einschränkungen beim Abgleich einheitlicher Perzentile entstehen. Hierbei ist im Einzelfall eine Fehlerbetrachtung durchzuführen (vgl. Abschnitt 6.4.3).

Basierend auf den vorliegenden Anwendungserfahrungen mit der CADVS ist festzustellen, daß mit der in Kapitel 6.2 beschriebenen Austattung des am IAO installierten CADVSL die hier beschriebenen Einsatzgrenzen bisher noch nicht relevant wurden. Die Integration eines CAD-Systems zur Simulation von Bewegungen einzelner Elemente eines Arbeitsmittels oder des gesamten Arbeitsmittels ist in Vorbereitung. Weitere Einsatzgrenzen der Methode sind derzeit nicht bekannt.

7   **Bewertung und Vergleich der CAD-Video-Somatographie mit ausgewählten Methoden**

Als Ergebnis des in dieser Arbeit durchgeführten Methodenvergleichs wurden in Kapitel 5.3 Basisanforderungen an die Entwicklung neuer Methoden zur anthropometrischen Arbeitsgestaltung formuliert. Die CADVS wurde nach diesen Anforderungen entwickelt, so daß Verbesserungen gegenüber bestehenden Methoden zu erwarten sind. Anhand der in Kapitel 5.2 beschriebenen Bewertungsmethodik soll nachfolgend überprüft werden, welche Verbesserungen der Methodenwert der CADVS gegenüber ausgewählten Methoden aufweist.

7.1   Bewertung der CAD-Video-Somatographie

7.1.1   Nutzwertanalyse der CAD-Video-Somatographie

Unter Verwendung der in Abschnitt 5.2.1 beschriebenen Zielkriterien, Bewertungsschlüssel und Gewichtungsfaktoren zeigt Bild 27 die Ergebnisse der nutzwertanalytischen Betrachtung der CADVS für die vier ausgewählten Anwendungsfälle (vgl. Abschnitt 5.2.1.3).

Den höchsten Nutzwert erreicht die CADVS im Anwendungsfall 2 mit 465,99 Punkten bzw. 93,2 % des maximalen Nutzwerts. Die Anwendungsfälle 1 und 3 erreichen die Plätze 2 und 3 in der Bewertungsrangreihe. Für den Anwendungsfall 4 erreicht die Methode den geringsten Nutzwert aller Anwendungsfälle mit 339,95 Punkten bzw. 68,0 % des maximalen Nutzwerts.

CAD-VIDEO-SOMATOGRAPHIE		Anwendungsfall 1			Anwendungsfall 2			Anwendungsfall 3			Anwendungsfall 4		
KRITERIUM	Schlüssel	G'	E	G'·E	G'	E	G'·E	G'	E	G'·E	G'	E	G'·E
Zeitaufwand · für die Installation	Z2	1,15	1	1,15	0,25	1	0,25	1,75	1	1,75	0,35	1	0,35
· für die Einarbeitung	Z2	1,15	1	1,15	0,25	1	0,25	1,75	1	1,75	0,35	1	0,35
· für die Darstellung - unterschiedlicher Haltungen/Stellungen	Z1	2,76	5	13,80	0,60	5	3,00	4,20	5	21,00	0,84	5	4,20
- des Zusammenspieles der Gelenke	Z1	2,76	5	13,80	0,60	5	3,00	4,20	5	21,00	0,84	5	4,20
- von Details	Z1	1,84	5	9,20	0,40	5	2,00	2,80	5	14,00	0,56	5	2,80
- einer möglichen Abstützung des Körpers	Z1	0,74	4	2,96	0,16	4	0,64	1,12	4	4,48	0,22	4	0,88
- von Körperstabilität	Z1	1,47	5	7,35	0,32	5	1,60	2,24	5	11,20	0,45	5	2,25
- von Bewegungsabläufen	Z1	1,47	5	7,35	0,32	5	1,60	2,24	5	11,20	0,45	5	2,25
- von Bewegungsräumen	Z1	1,47	5	7,35	0,32	5	1,60	2,24	5	11,20	0,45	5	2,25
- der Einwirkung von Kräften und Momenten	Z1	1,47	4	5,88	0,32	4	1,28	2,24	4	8,96	0,45	4	1,80
- der relevanten techn. Arbeitssystemelemente	Z1	1,47	4	5,88	0,32	4	1,28	2,24	4	8,96	0,45	4	1,80
- von Änderungen an Arbeitssystemelementen	Z1	1,47	4	5,88	0,32	4	1,28	2,24	4	8,96	0,45	4	1,80
- von dynamischen Prozessen	Z1	1,47	3	4,41	0,32	3	0,96	2,24	3	6,72	0,45	3	1,35
· für Wartung und Instandhaltung	Z1	2,30	1	2,30	0,50	1	0,50	3,50	1	3,50	0,70	1	0,70
Voraussetzungen · hinsichtlich der Qualifikation des Anwenders	B	2,40	1	2,40	0,60	1	0,60	3,00	1	3,00	21,00	1	21,00
· bezüglich Kenntnissen über Hardware bzw. Software	B	1,60	2	3,20	0,40	2	0,80	2,00	2	4,00	14,00	2	28,00
Darstellbarkeit von Mensch und techn. Arbeitssystemelementen in einer Bearbeitungsebene	R	4,00	5	20,00	8,00	5	40,00	13,00	5	65,00	3,00	5	15,00
Unabhängige Bearbeitung der Darstellung von Mensch bzw. techn. Arbeitssystemelementen	R	4,00	5	20,00	4,00	5	20,00	8,00	5	40,00	3,00	5	15,00
Darstellbarkeit von Bewegung	R	15,00	5	75,00	13,00	5	65,00	9,00	5	45,00	5,00	5	25,00
Präzision · der Nachbildung des Körpers - in Haltung/Stellung	R	3,22	5	16,10	4,90	5	24,50	0,70	5	3,50	0,98	5	4,90
- bei den Gelenken	R	3,22	5	16,10	4,90	5	24,50	0,70	5	3,50	0,98	5	4,90
- in der Detailgenauigkeit	R	1,61	5	8,05	2,45	5	12,25	0,35	5	1,75	0,49	5	2,45
- bei einer Abstützung	R	1,61	4	6,44	2,45	4	9,80	0,35	4	1,40	0,49	4	1,96
- bezüglich Stabilität	R	1,61	5	8,05	2,45	5	12,25	0,35	5	1,75	0,49	5	2,45
- im Ablauf von Bewegungen	R	1,61	5	8,05	2,45	5	12,25	0,35	5	1,75	0,49	5	2,45
- hinsichtlich der Bewegungsräume	R	1,61	5	8,05	2,45	5	12,25	0,35	5	1,75	0,49	5	2,45
- bei Berücksichtigung v. Kräften u. Momenten	R	1,61	5	8,05	2,45	5	12,25	0,35	5	1,75	0,49	5	2,45
· der Darstellung - relevanter techn. Arbeitssystemelemente	R	3,45	5	17,25	5,25	5	26,25	0,75	5	3,75	1,05	5	5,25
- v. Änderungen an Arbeitssystemelementen	R	2,07	5	10,35	3,15	5	15,75	0,45	5	2,25	0,63	5	3,15
- dynamischer Prozesse	R	1,38	3	4,14	2,10	3	6,30	0,30	3	0,90	0,42	3	1,26
Variabilität · im Maßstab	W	3,00	5	15,00	6,00	5	30,00	3,00	5	15,00	6,00	5	30,00
· in der Dimensionenzahl	W	1,50	5	7,50	3,00	5	15,00	1,50	5	7,50	3,00	5	15,00
· hinsichtlich der Wahl der Ansicht/Perspektive	W	0,50	5	2,50	1,00	5	5,00	0,50	5	2,50	1,00	5	5,00
Bedienungskomfort	W	1,00	4	4,00	1,00	4	4,00	1,00	4	4,00	8,00	4	32,00
Flexibilität · bezüglich Körperteilmaßen von Individuen	W	3,00	4	12,00	3,00	4	12,00	3,90	4	15,60	2,70	4	10,80
· hinsichtlich der Einbeziehung besonderer Personengruppen	W	3,00	5	15,00	3,00	5	15,00	3,90	5	19,50	2,70	5	13,50
· bezüglich der Einsatzbereiche	W	4,00	5	20,00	4,00	5	20,00	5,20	5	26,00	3,60	5	18,00
Dokumentation	D	3,00	5	15,00	2,00	5	10,00	3,00	5	15,00	2,00	5	10,00
Ausbaufähigkeit	W	2,00	5	10,00	1,00	5	5,00	1,00	5	5,00	1,00	5	5,00
Fehlerquellen · auf der Anwenderseite	B	2,40	3	7,20	4,00	3	12,00	0,80	3	2,40	4,00	3	12,00
· im System	B	3,60	4	14,40	6,00	4	24,00	1,20	4	4,80	6,00	4	24,00
NUTZWERT		100,0		442,29	100,0		465,99	100,0		433,03	100,0		339,95
ANTEIL AM MAXIMALEN NUTZWERT				88,5%			93,2%			86,6%			68,0%

Bild 27:   Nutzwertanalyse der CADVS für vier Anwendungsfälle

7.1.2   Kosten der CAD-Video-Somatographie

Das zu investierende Kapital für die CADVS setzt sich aus den Kosten der im CADVSL installierten Geräte und den notwendigen Planungskosten zusammen. Für das in dieser Arbeit entwickelte und am IAO installierte CADVSL (vgl. Kap. 6.2) betragen somit die Kosten DM 193.136,-. Für die Nutzung eines CAD-Systems (vgl. Anhang 11.6) werden variable Kosten von DM 50,- pro Stunde angesetzt.

Aufgrund der gegenüber der Video-Somatographie vereinfachten Erstellung des Trickbildes kann die CADVS von einem Methodenanwender betrieben werden. Aufgrund der geringeren Zeit für die Erstellung des Trickbildes und Veränderungen von Skizzen und Zeichnungen auf dem CAD-System kann die für den Methodenvergleich zugrunde gelegte Konstruktionsaufgabe (vgl. Abschnitt 5.2.2) in 6 Stunden ($t_a = 6$) ausgeführt werden. Da sowohl die Körpermaße von Männern als auch von Frauen in der vorgegebenen Konstruktionsaufgabe zu berücksichtigen sind, werden zwei Probanden benötigt. Die beiden Probanden sind für je 2 Std., (Probandenzeit: 4 Std.) und das CAD-System für 3 Std. während der Methodenanwendung zu berücksichtigen. Für die Berechnung der Raumkosten werden 54 m² Laborfläche zugrunde gelegt. Die zur Berechnung der Gesamtkosten K und Kosten pro Anwendung K_a (vgl. Abschnitt 5.2.2.1) weiteren notwendigen Angaben entsprechen denen der Video-Somatographie und können aus Anhang 11.7.1 entnommen werden. Damit ergeben sich die in Anhang 11.6 beschriebenen Kosten für die CADVS zu:

$$K_A = 24.142,00 \text{ DM/a}$$
$$K_Z = 6.942,60 \text{ DM/a}$$
$$K_R = 8.100,00 \text{ DM/a}$$
$$K_I = 3.471,30 \text{ DM/a}$$
$$K_S = 1.210,87 \text{ DM/a}$$
$$K_L = 125,00 \text{ DM/h}$$
$$K_E = 1,00 \text{ DM/h}$$
$$K_V = 41,67 \text{ DM/h}$$

Auf der Basis dieser Einzelkosten berechnen sich für die zugrunde gelegten Anwendungshäufigkeiten $x_a = 5, 30, 100$ nachstehende Kosten K und K_a:

o für x_a = 5:   K = 48.897,- DM/a; K_a = 9.779,- DM

o für x_a = 30:   K = 74.047,- DM/a; K_a = 2.468,- DM

o für x_a = 100:   K = 144.469,- DM/a; K_a = 1.445,- DM.

Damit weist die CADVS eine sehr große Kostendegression bei zunehmender Zahl von Anwendungen pro Jahr auf. Die Veränderung der Gesamtkosten K und der Kosten pro Anwendung K_a kann - wie bereits in Abschnitt 5.2.2.2 beschrieben - aus Anhang 11.12 entnommen werden. Dabei haben bei geringer Anwendungshäufigkeit (x_a = 5) Kostenänderungen der sprungfixen Kosten um 25 % größere Auswirkungen auf die Kosten pro Anwendung K_a als Kostenänderungen der variablen Kosten in gleicher Höhe. Diese Aussage gilt für eine große Anwendungshäufigkeit (x_a = 100) nicht mehr. Hierbei wirken sich die Änderungen der variablen Kosten stärker auf die Kosten pro Anwendung aus, als die der sprungfixen Kosten.

7.1.3   Methodenwerte der CAD-Video-Somatographie

Der in Abschnitt 5.2.3 definierte Methodenwert kann für die CADVS für die ausgewählten 4 Anwendungsfälle bei 3 unterschiedlichen Anwendungshäufigkeiten pro Jahr (x_a = 5, 30, 100) aus Bild 28 abgelesen werden.

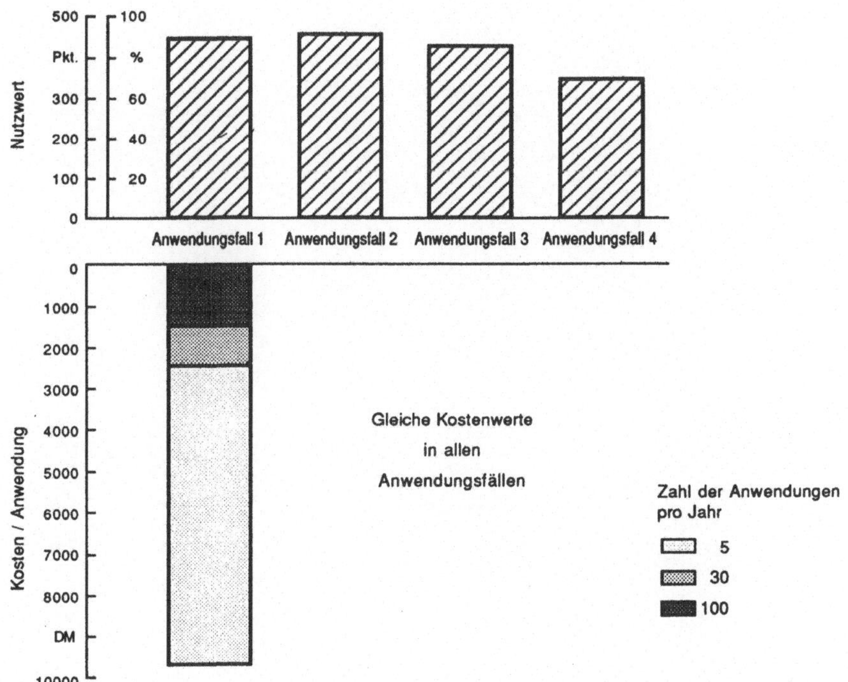

Bild 28:   Methodenwerte der CADVS für die Anwendungsfälle 1 bis 4

Schlechte Methodenwerte erreicht die CADVS bei geringer Anwendungshäufigkeit mit dem niedrigsten Wert für den Anwendungsfall 4 mit MEW_5 = (68,0/9.779). Mit zunehmender Anwendungshäufigkeit ($x_a \rightarrow 100$) verbessern sich die Methodenwerte. Der beste Methodenwert wird für den Anwendungsfall 2 bei $x_a = 100$ mit MEW_{100} = (93,2/1.445) erreicht, gefolgt von den Anwendungsfällen 1 und 3 mit vergleichbaren Methodenwerten.

7.2 <u>Vergleichende Betrachtung</u>

Für den Vergleich der CADVS mit den ausgewählten Methoden zur anthropometrischen Arbeitsgestaltung (vgl. Kapitel 5.2) wurde der sich aus Nutzwert und Kosten zusammensetzende Methodenwert definiert. Die Ergebnisse der CADVS und der sechs ausgewählten Methoden sind für den Anwendungsfall 1 im Bild 29 und für die Anwendungsfälle 2 bis 4 im Bild A-8 im Anhang 11.8 dargestellt. Eine vergleichende Gegenüberstellung der Kosten der CADVS zu denen der ausgewählten Methoden befindet sich in Anhang 11.12.

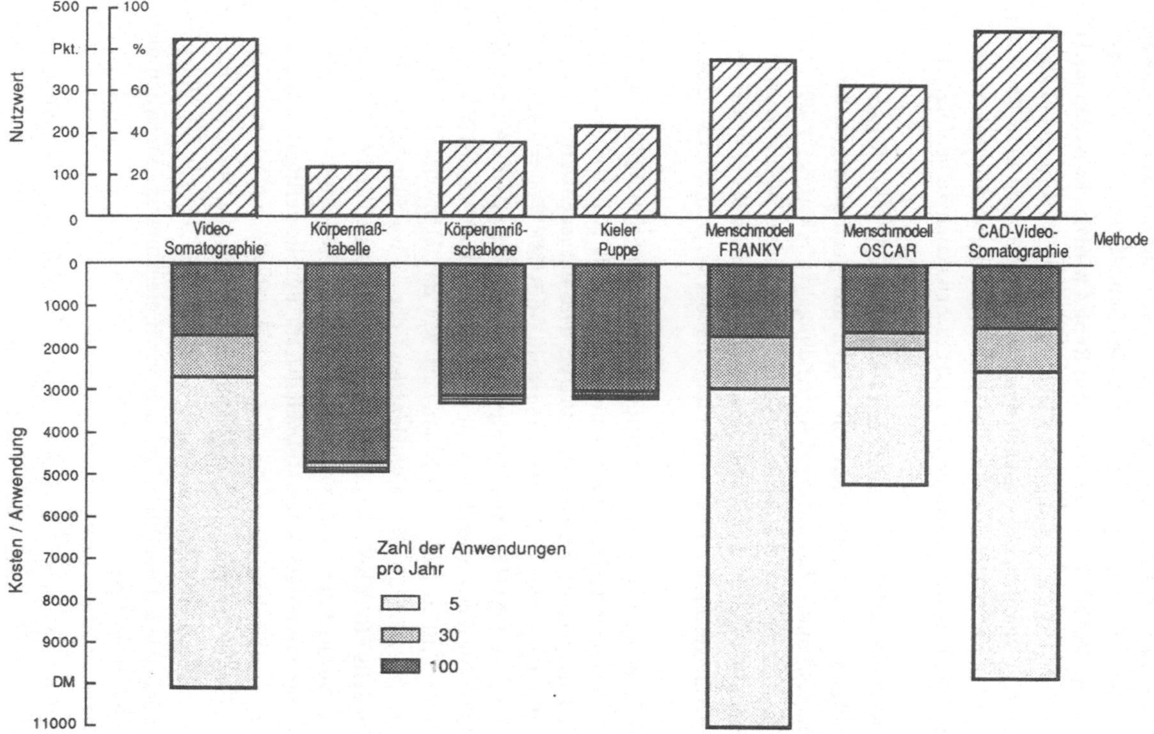

Bild 29: Methodenwerte der CADVS im Vergleich zu den sechs **ausgewählten** Methoden für den Anwendungsfall 1

Auf der Nutzwertseite des Methodenwertes erreicht die CADVS die besten Ergebnisse für alle 4 Anwendungsfälle. Sie erhält damit Rang 1. Für die Anwendungsfälle 1, 2 und 3 wird Rang 2 von der Video-Somatographie und Rang 3 vom Menschmodell FRANKY übernommen. Auf Rang 4 wird das Menschmodell OSCAR eingestuft. Für den Anwendungsfall 4 übernimmt das Menschmodell OSCAR den Rang 2 gefolgt von der Video-Somatographie (Rang 3) und dem Menschmodell FRANKY (Rang 4). Die konventionellen modellorientierten Methoden übernehmen die Ränge 5 bis 7 nach der in Abschnitt 5.2.3 beschriebenen Reihenfolge.

Auf der Kostenseite des Methodenwertes weist die CADVS bei geringer Anwendungshäufigkeit hohe Kosten auf. Sie liegen nur geringfügig unter denen der Video-Somatographie. Bei mittlerer Anwendungshäufigkeit ($x_a = 30$) erreicht die CADVS bereits die zweitniedrigsten Kosten nach denen für die Anwendung des Menschmodells OSCAR. Bei großer Anwendungshäufigkeit ($x_a = 100$) verursacht die CADVS die geringsten Kosten aller miteinander verglichenen Methoden.

Die CADVS erreicht bereits ab mittlerer Anwendungshäufigkeit ($x_a > 30$) die besten Methodenwerte für die Anwendungsfälle 1 bis 3. Beispielhaft am Anwendungsfall 1 dargestellt, erreicht die CADVS den Methodenwert $MEW_{30} = (88{,}5/ 2.468)$ gefolgt von der Video-Somatographie mit $MEW_{30} = (82{,}9/2.779)$ den Menschmodellen FRANKY mit $MEW_{30} = (75{,}5/2.930)$ und OSCAR mit $MEW_{30} = (62{,}5/2.033)$. Für den Anwendungsfall 4 erreicht die CADVS mit $MEW_{30} = (68{,}0/ 2.468)$ einen ähnlich guten Methodenwert wie das Menschmodell OSCAR mit $MEW_{30} = (65{,}4/2.033)$. Die Methodenwerte der Video-Somatographie und des Menschmodells FRANKY übernehmen hierbei die Ränge 3 und 4. Für eine mittlere und große Anwendungshäufigkeit erreichen die konventionellen modellorientierten Methoden die schlechtesten Methodenwerte. Für die geringe Anwendungshäufigkeit ($x_a = 5$) gelten die in Abschnitt 5.2.3 getroffenen Aussagen, wobei die CADVS noch vor der Video-Somatographie einzustufen ist. Aufgrund der geringeren sprungfixen und variablen Kosten der CADVS gegenüber der Video-Somatographie ändert sich diese Situation auch durch gleichmäßige Variation dieser beiden Kostenblöcke nicht.

Anhand der in Kapitel 5.3 formulierten Basisanforderungen an neu zu entwickelnde Methoden zur anthropometrischen Arbeitsgestaltung kann festgestellt werden, daß die CADVS mit Ausnahme der Kosten bei geringer Anwendungshäufigkeit alle anderen Anforderungen erfüllt. Wird die CADVS mit der zweitbesten Methode, der Video-Somatographie (für die Anwendungsfälle 1 bis 3 bei $x_a > 30$)

verglichen, so ergeben sich unter Berücksichtigung dieser Anforderungsliste die nachfolgend beschriebenen Ergebnisse.

Die Präzision der Modellierung der Struktur- und Funktionsmaße des Menschen sowie die stufenlose Darstellbarkeit des 5. bis 95. Perzentils ist bei beiden Methoden gleich. Die CADVS erreicht eine höhere Präzision bei der Modellierung der Mensch-Arbeitsmittel-Interaktion, da der durch Bewegungsraum-/Objekttiefe hervorgerufene Fehler bei der CADVS über die einfache Verwendung fluchtpunkt-perspektivischer Darstellungen des Arbeitsmittels vermieden werden kann. Bei der Video-Somatographie bedingt die Erstellung perspektivischer Zeichnungen einen wesentlich höheren Zeitaufwand. Die Einarbeitungszeiten sind für beide Methoden annähernd vergleichbar. Durch den Wegfall des Zeichnungsaufnahmebereiches und die zentrale Betätigung aller Funktionen vom Regiebereich aus, wird für die CADVS ein höherer Bedienungskomfort erreicht. Der Raumbedarf für das Labor verringert sich dadurch. Zwar können beide Methoden dynamische Abläufe des Menschen bei der Mensch-Arbeitsmittel-Interaktion darstellen; dynamische Abläufe einzelner Elemente des Arbeitsmittels - in Interaktion mit der Bewegung des Menschen - werden jedoch erst durch den Einsatz hierfür geeigneter CAD-Systeme bei der CADVS möglich. Ein weiterer wesentlicher Vorteil der CADVS besteht darin, daß sie in Verbindung mit beliebigen CAD-Systemen (PC, Workstation, Zentralrechner) eingesetzt werden kann.

Als wesentlicher Nachteil der CADVS ist der hohe gerätetechnische Aufwand und der erforderliche Raumbedarf zu sehen. In Verbindung mit der Notwendigkeit einer intensiven Nutzung der Methode, um Kostenvorteile zu erhalten, sind dies sicherlich die wesentlichen Einflußgrößen, die einer zunehmenden Verbreitung der Methode limitierend gegenüber stehen können.

Mit der Weiterentwicklung der rechnerunterstützten Menschmodelle und sich gegebenenfalls verringernden Anschaffungs- und Betriebskosten dieser Modelle, könnten die derzeit bestehenden Vorteile der CADVS abnehmen und ihre Nachteile überwiegen. Hierzu müßten die Menschmmodelle allerdings die Bewegungsabläufe des Menschen realitätsgetreuer abbilden können als bisher und universell auf CAD-Systemen beliebiger Art einsetzbar sein.

Zusammenfassend kann damit gesagt werden, daß die CADVS im Rahmen des in dieser Arbeit durchgeführten Methodenvergleichs als derzeit geeignetste Methode zur Analyse und Gestaltung von Mensch-Arbeitsmittel-Schnittstellen angesehen werden kann.

Der in Kapitel 7.2 durchgeführte Methodenvergleich hat die Überlegenheit der CADVS bei mittlerer bis großer Anwendungshäufigkeit aufgezeigt. Die CADVS gewährleistet bei relativ geringen Kosten pro Anwendung (für $x_a \rightarrow 100$) einen großen Nutzen für den Methodenanwender und eine hohe Qualität der gestalteten Mensch-Arbeitsmittel-Schnittstelle.

Das Anwendungsbeispiel will daher nicht nochmals anhand einer Konstruktionsaufgabe einen Vergleich der Gestaltungsqualität der Mensch-Arbeitsmittel-Schnittstelle bei der Anwendung alternativer Methoden vornehmen, sondern es will den exemplarischen Einsatz der CADVS an einem ausgewählten industriellen Arbeitsplatz darstellen.

Um neben den positiven Wirkungen des Methodeneinsatzes bei der Arbeitsmittelgestaltung gleichzeitig die besonderen Vorteile der CADVS gegenüber anderen Methoden in der dynamischen Simulation der Mensch-Arbeitsmittel-Interaktion aufzuzeigen, wurden folgende Anforderungen an das Anwendungsbeispiel gestellt:

- o Bewegungsaufwendige Tätigkeiten,
- o Einsatz von Werkzeugen und Werkstücken,
- o Einwirkung äußerer Kräfte sowie
- o Gewährleistung von Ablageflächen für Werkstücke.

Hierfür wurde ein Entgratarbeitsplatz ausgewählt, der im Rahmen einer umfassenden Analyse der Arbeitsbedingungen an Pressenarbeitsplätzen /30, 70/ als einer von zwölf repräsentativen Arbeitsplätzen ermittelt wurde. An diesem Anwendungsfall sollen die Vorgehensweise und die erreichbaren Ergebnisse bei der Anwendung der CADVS beispielhaft dargestellt werden. Die dabei erreichten Verbesserungen werden beschrieben.

8.1 Beschreibung des ausgewählten Entgratarbeitsplatzes

Der für das Anwendungsbeispiel ausgewählte Entgratarbeitsplatz ist Teil eines Arbeitssystems, das aus drei miteinander verketteten Arbeitsplätzen besteht, an denen vier Mitarbeiter eingesetzt sind:

o dem Durchlaufofen,

o der Umformpresse und

o der Abgratpresse.

Das Arbeitssystem ist in Form einer schematischen Skizze im Bild 30 dargestellt.

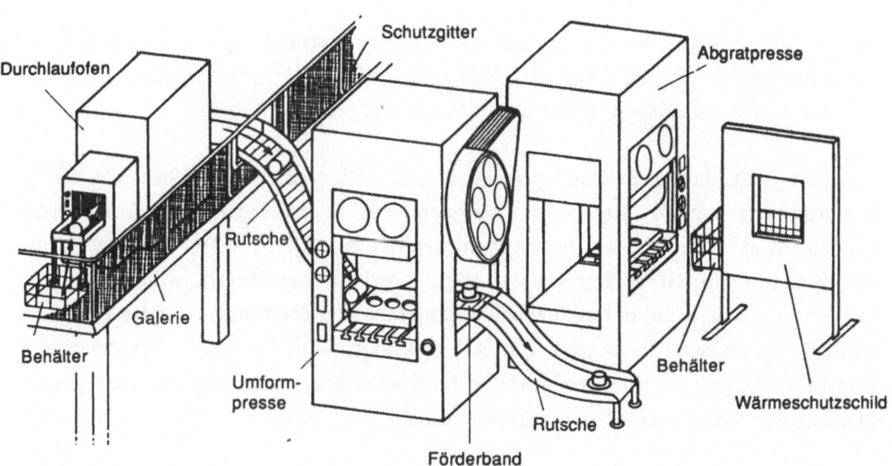

Bild 30:   Skizze der verketteten Arbeitsplätze

Der Durchlaufofen ist auf einer Galerie installiert, die vom Pressenbereich über eine Treppe erreichbar ist. Die in Behältern bereitgestellten Rohlinge werden von Hand auf eine Führungsschiene (Pufferzone) gelegt, aus der sie von einer Transporteinrichtung automatisch entnommen und kontinuierlich durch den Ofen transportiert werden. Die Durchlauffrequenz kann vom Mitarbeiter beeinflußt werden, womit die Arbeitsgeschwindigkeit des Systems variiert werden kann.

Nachdem die Rohlinge den Ofen durchlaufen haben, gleiten diese über eine Rutsche in den Werkzeugraum der Umformpresse. Bei der Umformpresse handelt es sich um eine Exzenterpresse mit Schwungradspeicher in O-Gestell-Bauweise (Nennpreßkraft 4 MN). Die Teile werden mit einer Schmiedezange gegriffen, in das Werkzeug eingelegt, in mehreren Stufen umgeformt und anschließend auf ein Förderband geworfen. Vom Förderband werden die Teile zu einer Rutsche transportiert, über die sie zur Abgratpresse gleiten.

Zum Entgraten des Werkstückes wird eine hydraulische Presse in O-Gestell-Bauweise (Nennpreßkraft 2,5 MN) eingesetzt. Der Mitarbeiter greift mittels einer Schmiedezange die Teile von der Bereitstellungsfläche am Ende der Rutsche und legt sie in das Entgratwerkzeug ein. Das entgratete Werkstück und der Grat werden vom Mitarbeiter aus dem Entgratwerkzeug entnommnen und durch eine Öffnung in einem Wärmeschutzschild in einen Behälter geworfen. Die Stößelbewegungen der Umform- und Abgratpresse werden über Fußschalter gesteuert.

Da die Teile mit Zangen manipuliert werden, sind keine weiteren Sicherheitseinrichtungen an der Presse vorhanden. Neben den Einlegetätigkeiten werden von den Mitarbeitern auch Rüst- und Instandhaltungsarbeiten ausgeführt.

An den beschriebenen 3 Arbeitsplätzen arbeiten im zeitlichen Wechsel von ca. 20 Minuten insgesamt 4 Mitarbeiter. Aufgrund der Arbeitsschwere sind dies ausschließlich Männer. Um auf belastungsintensive Arbeiten leichtere folgen zu lassen, wechseln die Mitarbeiter von der Abgratpresse an den Durchlaufofen, von dort zur Umformpresse und nehmen anschließend ihre Erholzeit, bevor sie die Tätigkeit an der Abgratpresse fortsetzen. Das Arbeitssystem wird im 2-Schichtbetrieb eingesetzt. Aus diesem Arbeitssystem wird für die nachfolgende vergleichende Untersuchung der Arbeitsplatz "Abgratpresse" näher betrachtet.

8.2   Analyse der Mensch-Arbeitsmittel-Schnittstelle im Ist-Zustand

Der ausgewählte Entgratarbeitsplatz wurde im Unternehmen geplant und eingerichtet. Die Abgratpresse war hierfür neu beschafft worden. Für die Anwendung der CADVS wurden die zur Simulation der Mensch-Arbeitsmittel-Interaktion relevanten Maße des Entgratarbeitsplatzes aufgenommen und daraus maßstäbliche CAD-Skizzen (Draufsicht, Seiten- und Vorderansicht) erstellt. Ein Werkstück mit den Abmessungen und dem Gewicht (Masse: 7,5 kg) eines am Entgratarbeitsplatz verwendeten Werkstückes wurde angefertigt. Eine dem Original identische

Schmiedezange (Masse: 1,3 kg) wurde bereitgestellt. Die am Arbeitsplatz vorhandenen Bereitstellungs-, Werkzeug- und Ablagebereiche wurden mittels Hartschaumquadern (vgl. Kap. 6.3) simuliert. Damit wurde gewährleistet, daß die vom Werkstück auf den Probanden einwirkenden äußeren Kräfte - wie auch am realen Arbeitsplatz - ausschließlich während des Werkstückhandlings wirken.

Entsprechend der in Kapitel 6.3 beschriebenen Vorgehensweise wurde die Mensch-Arbeitsmittel-Schnittstelle am Ist-Zustand für das 5. und 95. Perzentil männlich in der Draufsicht, Seiten- und Vorderansicht analysiert. In den Bildern 31 bis 33 sind beispielhaft die drei Tätigkeitselemente

o   Greifen des Werkstücks von der Bereitstellungsfläche am Ende der Rutsche ("Werkstück greifen"),
o   Einlegen des Werkstücks in das Entgratwerkzeug der Abgratpresse ("Werkstück einlegen") und
o   Abwerfen des Werkstücks durch die Öffnung im Wärmeschutzschild ("Werkstück abwerfen")

für das 95. Perzentil männlich in der Vorderansicht dargestellt.

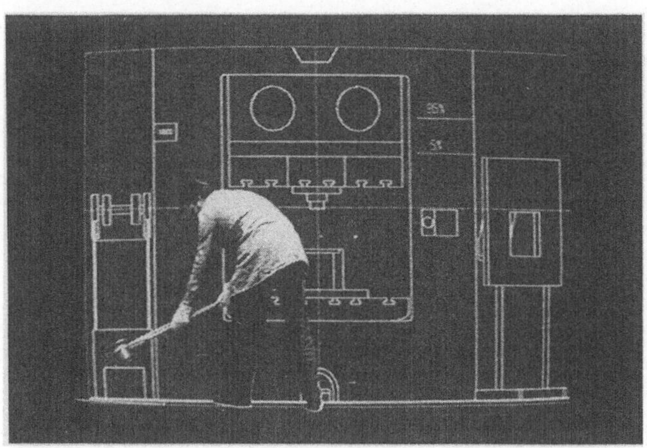

Bild 31:   Vorderansicht "Werkstück greifen" Ist-Zustand/95. Perzentil männlich (Photographie vom Monitor)

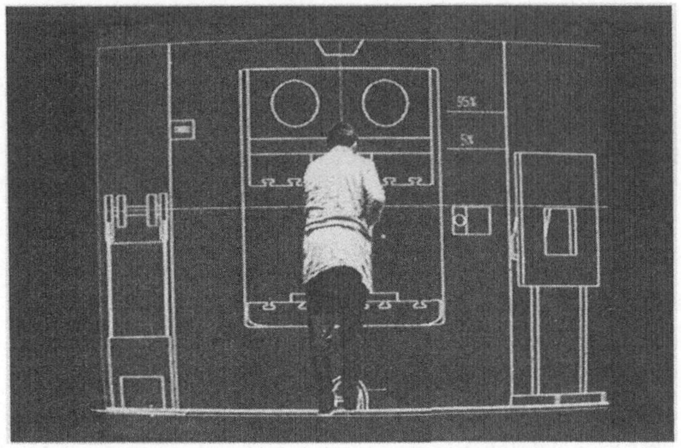

Bild 32: Vorderansicht ''Werkstück einlegen'' Ist-Zustand/95. Perzentil männlich
(Photographie vom Monitor)

Bild 33: Vorderansicht ''Werkstück abwerfen'' Ist-Zustand/95. Perzentil männlich
(Photographie vom Monitor)

Beim Greifen des Werkstückes muß sich der Proband nach links verdrehen und trotz der langen Zange zu der 200 mm hohen Bereitstellungsfläche am Ende der Rutsche (vgl. Bild 31 Links) stark nach vorne beugen. Das Körpergewicht ruht dabei überwiegend auf dem linken Bein. Nachdem das Werkstück mit der Zange gegriffen wurde, wird es ruckartig beschleunigt und mit Schwung zum Entgratwerkzeug bewegt. Dort muß die gesamte Bewegung ohne Anschläge abgebremst und das Werkstück in das Entgratwerkzeug gefügt werden. Der Proband läßt nun das Werkstück im Entgratwerkzeug liegen (auf den im Trickbild nicht erkennbaren Hartschaumquadern) und bewegt die Zange aus dem Werkzeugeinbauraum der Abgratpresse. Danach wird über eine Fußauslösung die Presse betätigt und das Werkstück entgratet (vgl. Bild 32 Mitte). Danach ist das Werkstück mit der Schmiedezange zu greifen, aus dem Werkzeug zu heben, ruckartig zu beschleunigen und durch die Öffnung des Wäremschutzschildes in den Ablagebehälter zu werfen (vgl. Bild 33 Rechts). Dabei ruht das Körpergewicht wiederum nur auf einem Bein. Der Vorgang wird wiederholt, um den Grat aus dem Werkzeugeinbauraum zu entfernen und in den Behälter zu werfen.

Dieser Bearbeitungszyklus beträgt ca. 20 Sekunden bei einem zu bewegenden Gesamtgewicht (Werkstück und Zange) von ca. 90 N. Dabei treten neben den erforderlichen hohen Muskelkräften /1/ insbesondere schädliche Torsionsbelastungen der Wirbelsäule unter Gewichtsbelastung auf. Die Analyse der Draufsicht verdeutlicht diese Arbeitsbedingungen (vgl. Anhang 11.10, Bilder A-11 bis A-13). Aus Bild A-12 wird für die Tätigkeit "Werkstück einlegen" deutlich, daß sich der Körper des Probanden - verursacht durch die Kopplungsbedingungen der Hände an der Zange - auf einen Winkel von ca. 45° zur vorderen Begrenzungslinie des Werkzeugeinbauraumes einstellt. Zur Betätigung des Fußschalters muß der Proband aus dieser Körperstellung heraus den rechten Fuß stark einwärts drehen. Weiterhin ist ersichtlich, daß aufgrund der Position von Fußschalter und Entgratwerkzeug das Werkstück vom Probanden körperfern in das Werkzeug gefügt werden muß. Beim Abwerfen des Werkstückes (vgl. Bild A-13) behindert der Fußschalter den linken Fuß des Probanden.

Vom Probanden wird zur Analyse angemerkt, daß:

- o er die Bereitstellungsfläche am Ende der Rutsche als zu niedrig empfindet,
- o das Hantieren des Werkstückgewichtes ihn sehr beansprucht,
- o er die Einlegehöhe am Entgratwerkzeug als zu niedrig empfindet (als 95. Perzentil),

o   die Anordnung des Fußschalters den freien Bewegungsablauf der Beine behindert,

o   er das Abwerfen des Werkstückes und Grates durch das Wärmeschutzschild mit erhöhtem Koordinationsaufwand ausführen muß,

o   er den Arbeitsablauf bei gegebener Zykluszeit als insgesamt sehr beanspruchend empfindet.

Als Ergebnis der Analyse wurde deutlich, daß aufgrund der hohen äußeren Kräfte bei ungünstiger Körperhaltung der gesamte Tätigkeitsablauf vom Greifen des Werkstückes über das Einlegen in das Entgratwerkzeug bis zum Abwerfen des entgrateten Rohlings verbessert werden muß.

8.3   Gestaltung des Neu-Zustandes

Aufgrund der Analyse des Ist-Zustandes im CADVSL wurde der Arbeitsplatz am CAD-System über interaktive Überprüfungen und Optimierungen im CADVSL so umgestaltet, daß ungünstige Körperhaltungen sowie gewichtsbelastete Torsionen der Wirbelsäule vermieden und die aufzubringenden Muskelkräfte zum Bewegen der Werkstücke deutlich verringert werden konnten. Der Neu-Zustand ist in den Bildern 34 bis 36 dargestellt.

Das Werkstück wird über den Einbau eines weiteren Transportbandes durch die seitliche linke Öffnung der Abgratpresse auf eine Ablagefläche direkt vor dem Entgratwerkzeug transportiert. Zur Verbesserung der Sicht auf das Werkzeug und Verringerung des Einlegeabstandes wird das Entgratwerkzeug 60 mm näher zur Vorderkante des Werkzeugeinbauraumes angeordnet. Dieses Maß wird über die an der Abgratpresse zulässigen Stößelquerkräfte begrenzt. Zwischen Arbeitsperson und Entgratwerkzeug wird eine Vorrichtung zur Zangenauflage installiert. Diese Vorrichtung besteht aus zwei Auflagen mit Profilstangen, an denen eine geschliffene Welle höhenverstellbar befestigt ist. Diese Welle wird über einen Faltenbalg geschützt. Auf der Welle läuft eine Kugelbüchse mit einem Schlitten. Dieser Schlitten ist dabei so gestaltet, daß unterschiedliche Zangen bei Auflage eines oder beider Schenkel verwendet werden können. Es besteht keine feste Kopplung zwischen Zangenschlitten und Zange, so daß auch jederzeit ohne diese Vorrichtung gearbeitet werden kann.

Für den Zangenschlitten kann eine Haftreibung von ca. 2,5 N und eine Gleitreibung von ca. 1,7 N angenommen werden, wodurch keine nennenswerten Belastungen der Arbeitsperson für die Bewegung des Zangenschlittens entstehen. Der Zangenschlitten ist so gestaltet, daß er bis zu 90° (sofern erforderlich können auch größere Winkel realisiert werden) um die Wellenlängsachse schwenkbar ist. Die Zange kann in der Zangenauflage bis zu 30° quer zur Wellenlängsachse bewegt werden.

Vom Mitarbeiter können die vor dem Werkzeug bereitgestellten Werkstücke nun gegriffen werden, während die Zange auf der Zangenauflage ruht. Das gegriffene Werkstück kann nunmehr über den Zangenschlitten angehebelt werden, wodurch sich die notwendige Kraft aufgrund der Hebelverhältnisse auf ca. 20 N reduziert. Durch seitliches Verschieben des Zangenschlittens wird das (mit der Zange gehaltene) Werkstück zum Entgratwerkzeug bewegt und dort eingelegt. Nach dem Entgraten wird ebenfalls wieder über die Auflage der Zange das entgratete Werkstück gegriffen, weiter nach rechts bewegt und einer Transportrutsche zugeführt. Die Transportrutsche führt durch die rechte seitliche Öffnung der Abgratpresse zu dem Werkstückablagebehälter. Das Werkstück rutscht somit entlang der schiefen Ebene der Transportrutsche eigenständig in den Ablagebehälter. Alle weiteren Arbeitsbedingungen werden beibehalten.

Zur Erhöhung der Arbeitssicherheit wird der Werkzeugraum der Presse über einen Lichtvorhang gesichert. Der Lichtvorhang ist außen an den Ständern der Presse angebracht. Er befindet sich zwischen Mitarbeiter und Zangenauflage. Wird der Lichtvorhang über die Zange oder andere Objekte (z. B. Hand der Arbeitsperson) unterbrochen, so kann die Pressenbewegung nicht eingeleitet werden, bzw. wird diese unterbrochen und gegengesteuert. Im normalen Betrieb wird der Pressenhub über einen Handtaster ausgelöst, sofern keine Objekte den Lichtvorhang unterbrechen. Damit kann sichergestellt werden, daß kein Pressenhub ausgelöst wird, während sich beispielsweise noch die Zange im Werkzeugeinbauraum der Maschine befindet. Der Bewegungsraum der Arbeitsperson wird damit auch durch keine Fußstellteile eingeschränkt.

Das Ergebnis der Gestaltung des Neu-Zustandes unter Anwendung der Methode CADVS ist in den Bildern 34 bis 36 für die Vorderansicht des 95. Perzentils männlich dargestellt. Die Draufsicht des Neu-Zustandes ist im Anhang 11.10 für das 5. Perzentil männlich in den Bildern A-14 bis A-16 dargestellt.

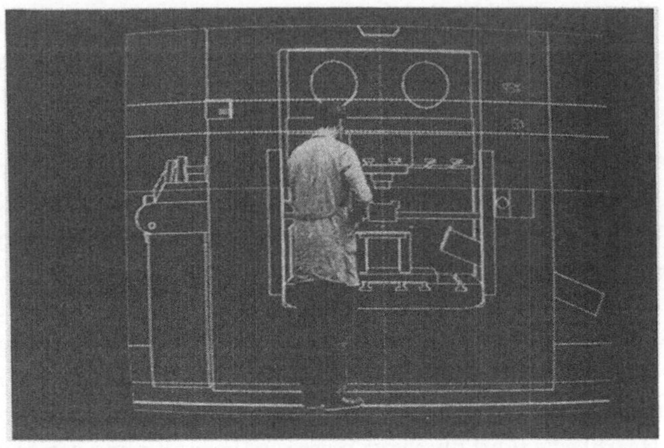

Bild 34: Vorderansicht "Werkstück greifen" im Neu-Zustand/95. Perzentil
männlich   (Photographie vom Monitor)

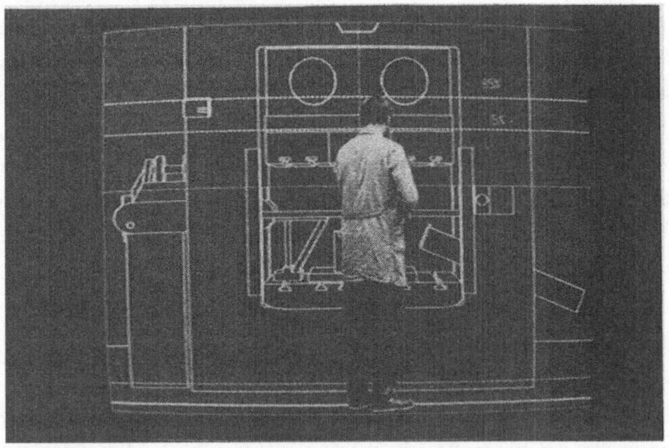

Bild 35: Vorderansicht "Werkstück einlegen" im Neu-Zustand/95. Perzentil
männlich   (Photographie vom Monitor)

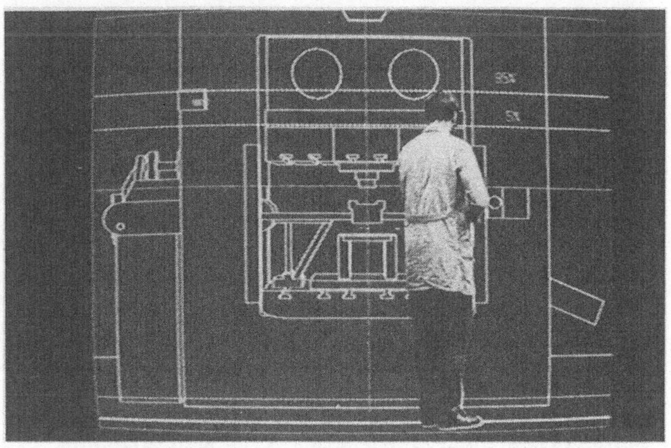

Bild 36:   Vorderansicht "Werkstück ablegen" im Neu-Zustand/95. Perzentil
           männlich   (Photographie vom Monitor)

Wie aus den Bildern 34 bis 36 ersichtlich, kann der gesamte Arbeitsablauf in einer
natürlichen, aufrechten Körperhaltung durchgeführt werden. Über den Einbau der
Zangenauflage werden die notwendigen Körperkräfte zum Hantieren des Werkstückes deutlich reduziert. Durch die veränderte Sicherheits- und Auslöseeinheit
der Abgratpresse kann der Fußschalter entfallen. Dadurch wird die potentielle Stol-
pergefahr und Beeinträchtigung des Fuß-Bewegungsraumes beseitigt. Den unterschiedlichen Körpergrößen wird die einfach höhenverstellbare Zangenauflage gerecht.

Bild 37 zeigt in der Seitenansicht die Einstellung des Zangenschlittens für das 5.
Perzentil männlich während des Bewegens des Werkstückes von der Bereitstellungsfläche zum Entgratwerkzeug. In Bild 38 ist das Greifen des Werkstückes
von der Bereitstellungsfläche und die Einstellung des Zangenschlittens für das 95.
Perzentil männlich dargestellt.

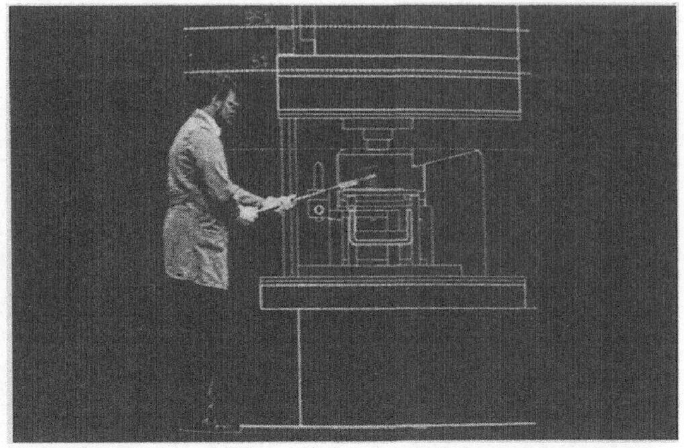

Bild 37: Seitenansicht "Werkstück bewegen" im Neu-Zustand/5. Perzentil
männlich   (Photographie vom Monitor)

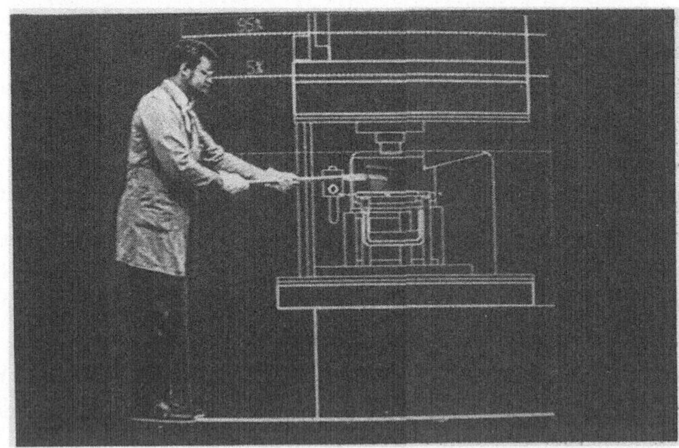

Bild 38: Seitenansicht "Werkstück greifen" im Neu-Zustand/95. Perzentil
männlich   (Photographie vom Monitor)

Der über den Einsatz der Methode CADVS generierte Entgratarbeitsplatz beseitigt die wesentlichen am Ist-Zustand anzutreffenden Gestaltungsmängel aus ergonomischer Sicht. In Verbindung mit der Reduzierung der Muskelbelastung konnte der Bewegungsablauf des Mitarbeiters verbessert werden. Eine weitere Optimierung scheidet aufgrund der Pressenbauweise weitgehend aus. Der Bewegungsraum und die Höhe des Entgratwerkzeugs wurden auf die Anforderungen des 5. bis 95. Perzentil männlich abgestimmt, da nach Aussage des Unternehmens an derartigen Arbeitsplätzen ausschließlich Männer arbeiten. Die Zangenauflage ist zur optimalen Anpassung an unterschiedliche Körpergrößen verstellbar ausgelegt und mit Markierungen zur raschen Anpassung an gegebene Körpergrößen vorgesehen.

Menschengerechte Arbeitsbedingungen und -mittel zu schaffen, ist eines der vornehmsten Ziele bei der Planung und Gestaltung von Arbeitssystemen. Damit sollen gesundheitliche Beeinträchtigungen der arbeitenden Menschen vermieden sowie wichtige Beiträge zur Erhaltung der Leistungsfähigkeit, Erhöhung der Leistungsbereitschaft und Motivation geleistet werden. Die Effektivität des Arbeitssystems soll gesteigert werden. Die geforderte Umsetzung arbeitswissenschaftlicher und insbesondere ergonomischer Erkenntnisse in der betrieblichen Praxis kann jedoch nicht losgelöst von den damit in Verbindung stehenden Kosten betrachtet werden. Diese zusätzlich anfallenden Kosten, die während des Entwicklungs- und Konstruktionsprozesses entstehen, stellen bei der anthropometrischen Arbeitsgestaltung einen wichtigen Faktor da. Er ist mitbestimmend für die betriebliche Akzeptanz ergonomischer Gestaltungsansätze.

Unter Berücksichtigung der dualen Zielsetzung, menschengerechte und zugleich wirtschaftliche Arbeitsmittel zu gestalten, kommt der konzeptiven ergonomischen Vorgehensweise die größte Bedeutung zu. Bei dieser Vorgehensweise werden in einem frühen Stadium der Entwicklung und Konstruktion von Arbeitsmitteln die Anforderungen des Menschen berücksichtigt und in der Gestaltung umgesetzt. Für die anthropometrische Gestaltung der Mensch-Arbeitsmittel-Schnittstelle werden wirksame Methoden benötigt, die zugleich eine hohe ergonomische Qualität der Schnittstelle erwarten lassen und nur geringe Zusatzkosten verursachen.

Die vorliegende Arbeit verfolgt daher das Ziel, eine Methode zur anthropometrischen Arbeitsgestaltung - die CAD-Video-Somatographie - zu entwickeln, die diesen Anforderungen gerecht wird. Sie will damit zu einer verstärkten Methodenanwendung in der Praxis beitragen. Die CAD-Video-Somatographie baut auf den Vorteilen bestehender Methoden auf und vermeidet deren Nachteile. Um diese Vor- und Nachteile zu erkennen, wurden die bestehenden Methoden systematisch bewertet und miteinander verglichen.

Aus dem Spektrum der Methoden zur anthropometrischen Arbeitsgestaltung wurden für den Methodenvergleich diejenigen ausgewählt, die in einem möglichst frühen Stadium des Entwicklungs- und Konstruktionsprozesses eingesetzt werden können und den Anforderungen der konzeptiven und korrektiven ergonomischen Vorgehensweise entsprechen. Diese Methoden wurden im Rahmen einer nutzwertanalytischen Betrachtung anhand von 41 Zielkriterien bewertet, um eine Aussage über die Eignung der Methoden zu erhalten. Zur Berücksichtigung unterschiedlicher Anwendungsfälle wurden 4 alternative Zielgewichtungen durchgeführt. Ergänzend dazu wurden die Kosten für den Einsatz der Methoden anhand eines ausgewählten Anwendungsbeispieles ermittelt. Bei der Berechnung der Kosten wurden unterschiedliche Anwendungshäufigkeiten zugrundegelegt, da die Kostenvorteile einiger Methoden aufgrund der hohen Investitionen jedoch geringer Zeitanteile bei der Anwendung erst bei größerer Anwendungshäufigkeit entstehen. Da unterschiedliche Konstruktionsaufgaben, inter- und intraindividuelle Schwankungen bei deren Ausführung, unterschiedliche Lohn- und Gehaltskosten, sich ändernde Investitionskosten, etc. zu unterschiedlichen Kostenwerten führen können, ist die Rangfolge der Anwendungskosten der Methoden von größerer Bedeutung als deren absolute Höhe. Aus Nutzwert und Kosten pro Anwendung wurden die Methodenwerte ermittelt. Dabei zeigte sich, daß die Methode der Video-Somatographie bei großer Anwendungshäufigkeit den besten Methodenwert erreicht. Es folgen im Rang die Menschmodelle FRANKY und OSCAR.

Die Anwendung konventioneller modellorientierter Methoden - dargestellt am Beispiel der Körpermaßtabelle nach DIN 33402, Körperumrißschablone nach DIN 33416 und Kieler Puppe - verursacht bei geringer Anwendungshäufigkeit niedrigere Kosten. Allerdings lassen diese Methoden, so zeigte die Nutzwertanalyse, eine geringere ergonomische Qualität bei der Gestaltung der Mensch-Arbeitsmittel-Schnittstelle erwarten.

Auf der Grundlage dieser Ergebnisse und des ständig zunehmenden Einsatzes von CAD-Systemen in der Konstruktion wurden Basisanforderungen an die Entwicklung neuer Methoden zur anthropometrischen Arbeitsgestaltung formuliert. Hierauf aufbauend wurde die CAD-Video-Somatographie entwickelt. Die für die Methode erforderliche Hard- und Software sowie die gerätetechnische Konfiguration für den Aufbau eines CAD-Video-Somatographie-Labors wurden festgelegt und beschrieben. Die Vorgehensweise bei der Anwendung der Methode wurde erläutert und die möglichen Fehler wurden definiert und quantifiziert.

Anhand des festgelegten Bewertungsverfahrens wurde die CAD-Video-Somatographie bewertet und die Ergebnisse mit denen der ausgewählten Methoden zur anthropometrischen Arbeitsgestaltung verglichen. Die CAD-Video-Somatographie erreicht dabei die höchsten Nutzwerte aller Methoden und zweitniedrigsten Kosten bei mittlerer bis hoher Anwendungshäufigkeit. Bei dem sich aus Nutzwert und Kosten zusammensetzenden Methodenwert erzielt die CAD-Video-Somatographie die besten Ergebnisse für mittlere bis hohe Anwendungshäufigkeit. Die CAD-

Video-Somatographie kann daher als derzeit gut geeignete Methode zur umfassenden anthropometrischen Arbeitsgestaltung angesehen werden.

Anhand eines Anwendungsbeispiels wird exemplarisch der Einsatz der CADVS vorgestellt. Hierzu wurde ein industrieller Arbeitsplatz ausgewählt, an dem bewegungsaufwendige Tätigkeiten unter Verwendung von Werkzeugen und Werkstücken ausgeführt werden. Dieser Arbeitsplatz wird unter Anwendung der CADVS analysiert und gestaltet. Die erreichten Verbesserungen werden beschrieben.

10 <u>Schrifttum</u>

10.1 <u>Literatur</u>

/1/ Åstrand, P.Q.; Rodal, K.: Textbook of Workphysiology. -New York: McGraw-Hill, 1978.

/2/ Bachmeier, W.: Ergonomisch-anthropologisches Methodeninventar, Computeranthropometrie und anthropozentrische Expertensysteme (wird in Kürze veröffentlicht).

/3/ Badler, N. I.; O 'Rourke, J.; Toltzis, H.: A Spherical Representation of a Human Body for Visualizing Movement. - In: Proc. of the IEEE 67 (1979) 10, S. 1397 - 1403.

/4/ Badler, N. I.; Smoliar, S. W.: Digital Representations of Human Movement. - In: ACM Computing Surveys 11 (1979) S. 19 - 38.

/5/ Badler, N. I.: Analysis and Validation of Human Biodynamic Models. -Moore School of Electrical Engeneering Philadelphia, Aug. 1978, 33p, Final Report, 1 Dec. 77-30 Jun.78, Contract No.: 0014-78-C-0102.

/6/ Badler, N. I.; Bajcsy, R.: Three Dimensional Representations for Computer Graphics and Computer Vision. - In: Computer Graphics 12 (1978) S. 153 -160.

/7/ Bapu, P.; et al.: Users Guide for Combiman (Computerized Biomechanical Man Model) Programs. - Version 6, Dayton University, Ohio-Research Inst., UDR-TR-83-51, AFAMRL-TR-83-097, 1983.

/8/ Barenholtz, J.; et al.: Computer Interpretation of Dance Notation. - In: Lusignan S.; North, J. S. (Hrsg.): Computing in the Humanities, 2-6 Aug., Waterloo, Ontario: University of Waterloo, 1977, S. 235 - 240.

/9/ Bauer, W.; Lorenz, D.: Einsatz der Video-Somatographie zur Analyse und Gestaltung von Arbeitsplätzen. - In: Industrie-Anzeiger 107 (1985) 17, S. 35 - 36.

/10/ Bauer, W.; Lorenz, D.: Video-Somatographie. Ein Verfahren zur Gestaltung von Arbeitsplätzen. - In: KEM 21 (1984) 9, S. 144 - 146.

/11/ Bauer, W.; Lorenz, D.; Traut, L.: Video-Somatographie: Eine Methode zur Planung von Arbeitsplätzen auch für Behinderte. - In: Berufliche Eingliederung Behinderter 3 (1985) S. 22 - 24.

/12/ Baum, E.: Motographie I: Bewegungsaufzeichnung mit Spuren. - Bremerhaven: Wirtschaftsverlag NW, 1980.

/13/ Baum, E.: Motographie II: Bewegungsaufzeichnung mit Spuren. - Bremerhaven: Wirtschaftsverlag NW, 1983.

/14/   Baum, E.:   Motographie III: Entwicklung einer Methode zur Bewegungsaufzeichnung unter Berücksichtigung photogrammetrischer Anforderungen. - Bremerhaven: Wirtschaftsverlag NW, 1986.

/15/   Berek, M.:   Grundlagen der praktischen Optik. - Berlin: de Gruyter, 1970.

/16/   Berger, G.; Jenner, R.:   Planungshilfen für die ergonomische Arbeitsplatzgestaltung. - In: REFA-Nachrichten (1984) 6, S. 41 - 46.

/17/   Birkwald, R.:   Körpermaße und Arbeitsplatzmaße. In: Bundesanstalt für Arbeitschutz und Unfallforschung (Hrsg.): Informationstagung Humane Arbeitsplätze, Angewandte Arbeitswissenschaften - Ergonomie - 13. und 14. Mai 1975. - Bremerhaven: Wirtschaftsverlag NW, 1975, S. 4.2/1 - 4.2/6.

/18/   Bittner, A.C.:   Toward a Computerized Accomodated Perzentage Evaluation (CAPE) Model for Automotive Vehicle Interiors. - Soc. of Automotive Engineers, Paper No. 780281.

/19/   Bonney, M. C.; Case, K.; Porter, J. M.:   User Needs in Computerized Man-Models. - Nato Symposium on Anthropometry and Biomechanics. Cambridge, 1980, S. 97 - 101.

/20/   Bonney, M. C.; et al.:   SAMMIE, System for Aiding Man-Machine Interaction Evaluation. - University of Nottingham: Department of Production Engeneering & Production Management, 1980.

/21/   Bonney, M. C.; Williams, R. W.:   CAPABLE, A Computer Program to Layout Controls and Panels. - In: Ergonomics 20 (1977) S. 297 - 316.

/22/   Bonney, M. C.; et al.:   Ergonomics in Design Using a Computer Man and Conversational Graphics. - In: Int. J. Product. Res., 10 (1972) 4, S. 313 - 323.

/23/   Bonney, M. C.; Schofild, N. A.:   Computerized Work Study Using the SAMMIE/ AUTOMAT System. - In: Int. J. Product. Res., 9 (1971) 3, S. 321 - 336.

/24/   Bonney, M. C.; et al.:   Light Pen Draws up Job Times. - In: Metalworking Production (1970) S. 30 - 32.

/25/   Bonney, M. C.:   Man in the Maschine. - In: Scientist (1970) S. 421 - 423.

/26/   Borowski, B.:   Einseitige Körperhaltung am Arbeitsplatz. Bremerhaven: Wirtschaftsverlag NW, 1981.

/27/   Braun, G.:   CAD-Ergonomie: Der Mensch ist das Maß. - In: Werkstattstechnik 78 (1988) S. 123 - 125.

/28/   Bubb,H.; Kain, V.:   Untersuchungen über die realitätsbezogene Handhabung von Zeichenschablonen der menschlichen Gestalt. - In: Zeitschrift für Arbeitswissenschaft 40 (1986) 2, S. 97 - 107.

/29/ Bullinger, H.-J.; et al.: Video-Somatographie: Handbuch zur ergonomischen Arbeitsplatzgestaltung mit Hilfe der Video-Somatograhpie. - Stuttgart: Fraunhofer Institut für Arbeitswirtschaft und Organisation, 1985.

/30/ Bullinger, H.-J.; Kern, P.; Lorenz, D.: Analyse der Arbeitsbedingungen an Pressenarbeitsplätzen unter ergonomischen Gesichtspunkten und Vorschläge zur menschengerechten Gestaltung. Stuttgart: Ministerium für Arbeit, Gesundheit und Sozialordnung, Baden-Württemberg, 1983.

/31/ Bullinger, H.-J.; Traut, L.: Möglichkeiten und Chancen einer konzeptiven Ergonomie. - In: Die Umschau 5 (1985) S. 288 - 292.

/32/ Calvert, T. W.; Chapman, J.; Patla, A.: Aspects of the Kinematic Simulation of Human Movement. - In: IEEE Computer Graphics and Applications 2 (1982) S. 41 - 50.

/33/ Calvert, T. W.; Chapman, J.; Patla, A.: The Integration of Subjektive and Objektive Data in the Animation of Human Movement. - In: Computer Graphics 14 (1980) 3, S. 198 - 203.

/34/ Calvert, T. W.; Chapman, J.: Notation of Movement with Computer Assistance. In: ACM Annual Conference, New York: Association for Computing Machinery (1978) Vol. 2, S. 731 - 736.

/35/ Dannhaus, D. M.; et al.: Seating, Console and Workplace Design: Integration of Literature and Accomodation Model. In: Proceedings of the 21st. Annual of the Human Factors Society. - Santa Monica, Calif.: Human Factors Soc., 1977, S. 88 - 91.

/36/ Mc. Daniel, J. W.: COMBIMAN Computerized Biomechanical Man Model. - Aerospace Medical Research Laboratory. Report AMRL-TR-76-30, 1976.

/37/ Dooley, M.: Anthropometric Modeling Programs - A Survey.In: IEEE Computer Graphics and Applications 2 (1982) S. 17 - 25.

/38/ Eigner, M.: CAD-Systeme - Stand, Trends und Tendenzen. - In: Dressler. E. (Hrsg.): Computer-Graphik-Markt 1987. Heidelberg: Dressler-Verlag, 1987.

/39/ Elbracht, D.: Arbeitsplätze entwerfen und überprüfen: Körperumrißschablone als Hilfe für den Konstrukteur und den Arbeitsgestalter. - In: Maschinenmarkt 88 (1982) 41, S. 811 - 814.

/40/ Elias, H.J.; Istanbuli,S.: Technische Hilfsmittel zu ergonomischen Arbeitsplatzgestaltung. - Institut der deutschen Wirtschaft, Datenbank PRODIS (Hrsg.): PRODIS -Report Nr. 7. - Köln: Librex Buchvertrieb der deutschen Wirtschaft, 1987.

/41/ Elias,J. ; Lux, C.: Gestaltung ergonomisch optimierter Arbeitsplätze und Produkte mit FRANKY und CAD. - In: REFA-Nachrichten 39 (1986) 3, S. 5-12.

/42/   Evans, S. M.;
Himes, M. J.;
Kikta, P. E.:
Biomechanics and Anthropometry for Cockpit and Equipment Design. - Dayton Univ. Ohio Research Inst., Final Report, 1 Dec. 75-31 Dec. 76, contract F 33615 - 75 - C - 5092, AMRL - TR - 77 - 7, 1976.

/43/   Fetter, W. A.:
Biostereometrics as the Basis for High Resolution Raster Displays of the Human Figure. - In: Proc. of Soc. of Photo-Opt. Instr. Eng. 361 (1983) S. 172 - 175.

/44/   Fetter, W. A.:
A Progression of Human Figures simulated by Computer Graphics. - In: IEEE Computer Graphics and Applications 2 (1982) S. 9 - 13.

/45/   Fetter, W. A.:
Computer Graphics Human Figure Application of Biostereometrics. - In: CAD 12 (1980) S. 175 - 179.

/46/   Grimsehl, E.:
Lehrbuch der Physik. - Band 3 Optik. - Leipzig: B. G. Teubner, 1982.

/47/   Gerthsen, Ch.;
Kneser, H. O.;
Vogel, H.:
Physik. - Berlin: Springer-Verlag, 1982.

/48/   Haller, E.;
Lorenz, D.:
Geringer Zeitbedarf und hohe Flexibilität: Planungsverfahren zur optimalen Gestaltung von Arbeitsplätzen. - In: Maschinenmarkt 90 (1984) 61, S. 1416 - 1419.

/49/   Hacker, W.;
Macher, F.:
Grundlagen und Möglichkeiten der projektierenden und korrigierenden Gestaltung von Arbeitstätigkeiten. - Dresden: Dresdner Universitätsvorträge, 1978

/50/   Hammond, D. C.;
Roe, R. W.:
SAE Controls Reach Study. - Soc. of Automotive Engineers, Paper No. 720 199.

/51/   Haslegrave, C. M.:
Characterizing the anthropometric extremes of the population. - In: Ergonomics 29 (1986) 2, S. 281 - 301.

/52/   Herbison-Evans, D.;
Richardson, D. S.:
Control of Round-Off Propagation in Articulating the Human Figure. - In: Comp. Graphics and Image Processing 17 (1981) S. 386 - 393.

/53/   Herbison-Evans, D.:
Rapid Raster Ellipsoid Shading. - In: Computer Graphics 13 (1980)4, S. 355 - 361.

/54/   Herbison-Evans, D.:
A Human Movement Language for Computer Animation: Proc. of the Symposium on Language Design and Programming Methodology. - Sydney, 10.-11. Sept. 1979, S. 117 - 128.

/55/   Herbison-Evans, D.:
Nudes 2: A Numeric Utility Displaying Ellipsoid Solids, Version 2. - In: Computer Graphics 12 (1978) S. 354 - 356.

/56/   Herbison-Evans, D.:
Real-Time Animation of Human Figure Drawings with Hidden Lines Omitted. - In: IEEE Comp. Graphics and Appl. 2 (1982) S. 27 - 33.

/57/ Herbison-Evans, D.: A Dancer Among Us. - Basser Dept. of Computer Science, Sydney Univ. - Technical Report (1981) S. 68 - 73.

/58/ Hickey, D. T.; Pierrynowski, M. R.; Rothwell, P. L.: Man-Modelling CAD Programms for Workspace Evaluations. - Toronto, Downsview: University of Toronto, Defence and Civil Institute of Environmental Medicine (Contractnumber 01SE. 977111-4-8024), 1985.

/59/ Hupfer, R.: Allgemeine Leitsätze zur körpergerechten Gestaltung von Arbeitsplätzen. - In: Arbeitsplatzgestaltung für Behinderte 2 (1982) 9, S. 4 - 7.

/60/ Huston, R. L.; Winget, J. M.; Harlow, M. W.: Biodynamic Model of a Parachutist. - In: Medicine (1978) S. 178 - 182.

/61/ Huston, R. L.; Hessel, R. E.; Winget, J. M.: Dynamics of a Crash Victim - A Finite Segment Model. - In: AIAA Journal 14 (1976) S. 173 - 178.

/62/ Huston, R. L.; Passarello, C. E.: On the Dynamics of a Human Body Model. - In: J. Biomechanics 4 (1971) S. 369 - 378.

/63/ Jürgens, H. W.: Entwicklung einer Körperumrißschablone des sitzenden Menschen aus der Sicht von oben - Körperumrißschablone II. - Bremerhaven: Wirtschaftsverlag NW, 1982.

/64/ Jürgens, H. W.: Wissenschaftliche Aspekte der Anthropometrie im Normenwesen. - In: Zeitschrift für Arbeitswissenschaft 31 (1977) 2, S. 57 - 60.

/65/ Jürgens, H. W.; Helbig, K.; Kopka, T.: Funktionsgerechte Körperumrißschablonen. - In: Ergonomics 18 (1975) 2, S. 185 - 194.

/66/ Jürgens, H. W.: Anthropometrie - Gegenwärtige und zukünftige Aufgaben. - In: Arbeitsschutz 7/8 (1975) S. 252 - 256.

/67/ Jürgens, H. W.: Körpermaße und Arbeitsplatzmaße. In: Bundesanstalt für Arbeitsschutz und Unfallforschung (Hrsg.): Informationstagung Humane Arbeitsplätze, Angewandte Arbeitswissenschaften - Ergonomie - 13. und 14. Mai 1975.- Bremerhaven: Wirtschaftsverlag NW (1975) S. 4.1/1-4.1/12.

/68/ Jürgens, H. W.: Körpermaße und Bewegungsraum: Arbeitswissenschaftlich gesicherte Erkenntnisse über menschengerechte Gestaltung der Arbeit. - In: Mitteilungen des IfaA 73 (1973) 35, S. 18-35.

/69/ Kaleps, I.; Marcus, J. H.: Predictions of Child Motion During Panic Braking and Impact. - Air Force Aerospace Med. Res. Lab. Wright Patterson AFB, Ohio, 1982, AFAMRL-TR-82-79.

/70/   Kern, P.;   Ergebnisse einer Analyse der Belastung und Beanspruchung an Pressenarbeitsplätzen. - In: Maschinenmarkt 14 (1983) 89, S. 235 - 238.
Lorenz, D.:

/71/   Kern, P.; et al.:   Produktinnovation mit Ergonomie. - In: Konstruktion 38 (1986) 7, S. 259 - 267.

/72/   Kilpatrick, K. E.:   A Biokinematic Model for Workplace Design. - In: Human Factors 14 (1972) 3, S. 237 - 247.

/73/   Kilpatrick, K. E.:   A Model for the Design of Manual Workstations. - Ph.D., Univ. of Michigan, Michigan, 1970.

/74/   Kilpatrick, K. E.:   Computer Aided Workplace Design. - In: J. of Methods-Time Measurement 14 (1969) 4, S. 24 - 33.

/75/   Kingsley, E. C.:   SAMMIE, 3-D Graphics for Human Factors Applications. In: Greenway, D. S.; Warman, E. A. (Hrsg): Eurographics '82. Amsterdam: North Holland, 1982, S. 323 - 332.

/76/   Kingsley, E. C; Schofield, N. A.; Case, K.:   SAMMIE, A Computer Aid for Man Machine Modelling. - In: Computer Graphics 15 (1981) 3, S. 163 - 169.

/77/   Kroemer, K. H. E.; et al. (Eds.):   Ergonomic Models of Anthropometry, Human Biomechanics and Operator-Equipment Interfaces : Proc. of a Workshop. - Washington D. C.: National Academy Press, 1988.

/78/   Lange, W.; Rademacher, U.:   Dortmunder Würfel: Eine Meßvorrichtung zur Erfassung funktionsanthropometrischer Daten. - Bremerhaven: Wirtschaftsverlag NW, 1979.

/79/   Lay, K.:   Die Arbeitsraumgestaltung manueller Montagearbeitsplätze mit graphischen und wissensbasierten Methoden. - Berlin: Springer, 1988.

/80/   Leppänen, M.; Mattila, M.:   Ergonomics in CAD: CAD-programms for improving the ergonomic level of design. Tampere University of Technology, Tampere, 1987.

/81/   Lippmann, R. :   OSCAR: Ein CAD-Programm für Sicherheitsingenieure. Teil 1. - In: Sicherheitsingenieur 17 (1986) 6, S. 26 - 29.

/82/   Lippmann, R.:   OSCAR: Ein CAD-Programm für Sicherheitsingenieure. Teil 2. - In: Sicherheitsingenieur 17 (1986) 8, S. 18 - 21.

/83/   Lippmann, R.:   OSCAR: Ein CAD-Programm für Sicherheitsingenieure.Teil 3. - In: Sicherheitsingenieur 17 (1986) 9, S. 48 - 51.

/84/   Lippmann, R.:   Arbeitsgestaltung mit CAD und ANYBODY. - In: REFA-Nachrichten 41 (1988) 2, S. 5 - 13.

/85/   Lorenz, D.:   Gestaltung von Maschinenarbeitsplätzen mit Hilfe von Video-Somatographie. - In: FhG-Berichte (1983) 3/4, S.13 - 16.

/86/   Luczak,H.; Volpert, W.:   Arbeitswissenschaft: Kerndefinition; Gegenstandskatalog. Eschborn: RKW, 1987.

/87/   Martin, K.:   Video-Somatographie: Ein neues Hilfsmittel bei der Arbeitsplatzgestaltung. - In: Fortschrittliche Betriebsführung und Industrial Engineering 30 (1981) 1, S. 21 - 26.

/88/   Miltner, W.:   Verhaltensmedizin. - Berlin: Springer-Verlag, 1986.

/89/   Nadler, G.:   Arbeitsgestaltung - zukunfstsbewußt, Entwerfen und Entwickeln von Wirksystemen. - In: Hilf, H. H. (Hrsg.). - München: Hanser, 1969.

/90/   Obermann, K.:   CAD/CAM-Handbuch 1988. - München: Computergraphik, 1988.

/91/   Pahl, G.; Beitz, W.:   Bewertungsmethoden als Entscheidungshilfe zur Auswahl von Lösungsvarianten. - In: Konstruktion 24 (1972) S. 493 - 498.

/92/   Pahl, G.; Beitz, G.:   Bewertungsmethoden als Entscheidungshilfe zur Auswahlvon Lösungsvarianten (Fortsetzung) In: Konstruktion 25 (1973) S. 29 - 32.

/93/   Peters, T.:   Arbeitsplatzabmessungen für Bürotätigkeiten. In: Brenner, W.; Rohmert, W.; Rutenfranz, J. (Hrsg.): Verhandlungen der Deutschen Gesellschaft für Arbeitsmedizin e.V., Bericht über die 15. Jahrestagung der Deutschen Gesellschaft für Arbeitsmedizin e. V. (Ergonomische Aspekte der Arbeitsmedizin). - Stuttgart: A. W. Gentner, 1976, S. 109 - 118.

/94/   Pheasant., S.:   Bodyspace. - London: Taylor and Francis, 1986.

/95/   Pineau, J. C.; et al.:   Biostereometric Data Processing in ERGODATA: Choice of Human Body Models. - In: Proc.of Soc. of Photo-Opt. Instr. Eng. 361 (1983) S. 169 - 171.

/96/   Rabideau, G. F.; Farnady, J.:   Interactive Graphics Package for Human Engineering and Layout of Vehicle Workspace. In: Proc. 13th Annual Design Automation Conf. (1976) S. 187 - 192.

/97/   Rabideau, G. F.; Luk, R. H.:   A Monte Carlo Algorithm for Workplace Optimization and Layout Planning - WOLAP. In: Proc. 19th Annual Meeting Human Factors Soc., Dallas, Texas 1975. - Santa Monica: Human Factors Soc., 1975, S. 187 - 192.

/98/   Roe, R. W.:   Describing the Driver's Work Space: Eye, Head, Knee and Seat Positions. - Soc. of Automotive Engineers, Paper No. 750356.

/99/   Roebuck,J. A;   Engineering Anthropometry Methods. - New York;
        Kroemer, K. H. E.;   London; Sidney; Toronto: Wiley, 1975.
        Thomson, W. G.:

/100/   Rohmert, W.:   Die Anthropotechnik aus der Sicht der Arbeitswis-
                               senschaft. - In: Bernotat, R.; Gärtner, K.-P.; Widdel,
                               H. (Hrsg.). Spektrum der Anthropotechnik. - Mecken-
                               heim: Warlich, 1987.

/101/   Rohmert, W.:   Handbuch der Rationalisierung, Arbeitsgestaltung,
                               RKW. - Heidelberg: Industriedruck Carlheinz Gehl-
                               sen, 1968.

/102/   Rohmert, W.;   Das Arbeitswissenschaftliche Erhebungsverfahren
        Landau, K.;   zur Tätigkeitsanalyse (AET). - Bern: Huber, 1979.

/103/   Roozbazar, A.:   Biomechanical Modeling of the Human Body. - In:
                               Proceedings of the 17th annual meeting of the
                               Human Factors Society, Oct. 16-18, 1973 / Eds.:M. P.
                               Rank; T. B. Malone. Santa Monica: Human Factors
                               Soc., 1973, S. 181 - 191.

/104/   O 'Rourke, J.;   Model-Based Image Analysis of Human Motion
        Badler, N. I.:   Using Constraint Propagation. - In: IEEE Transac-
                               tions Pattern Analysis and Machine Intelligence 2
                               (1980) 6, S. 114 - 119.

/105/   Savage, G. J.;   Computer Graphics Simulation of Body Movement
        Officer, J. M.;   Language. - In: Proc. 6th Man-Comp. Comm. Conf.
        Mc. Dougall, G.:   (1979) S. 209 - 217.

/106/   Savage, G. J.;   CHOREO: An Interactive Computer Model for
        Officer, J. M.:   Dance. - In: Int. J. Man-Machine Studies 10 (1978)
                               S. 233 - 250.

/107/   Schäfer, D.;   Arbeitshilfen für die ergonomische Arbeitsplätzge-
        Jenner, R.-D.:   staltung: Zeichenschablonen für die menschliche
                               Gestalt. - In: REFA-Nachrichten 32 (1979) 6,
                               S. 367 - 372.

/108/   Schaub, K.:   Entwicklung eines modularen rechnergestützen drei-
                               dimensionalen man-models mit interaktiver Anpas-
                               sung an die Arbeitsgestaltungsaufgabe. - Düsseldorf:
                               VDI, 1988.

/109/   Schmidtke, H.:   Handbuch der Ergonomie. - Bundesamt für Wehr-
                               technik und Beschaffung (Hrsg.):- Steinbuch/Woerth-
                               see: Luftfahrt Verlag W. Zuerl, 1981.

/110/   Schmidtke, H.:   Lehrbuch der Ergonomie. 2.bearb. und erg. Auflage. -
                               München; Wien: Hanser, 1981.

/111/   Simon, A.:   Körpermaße als Grundlage der Arbeitsgestaltung.
                               In: Mitteilungen des IfaA 73 (1973) 35, S. 11 - 17.

/112/ Spray, D. F.: Functional Requirements for a Computer Graphics Model of a Maintenance Technician. - Air Force Inst. of Techn., Wright-Patterson AFB, Oh. School of Systems and Logistics, Sept. 1983, Masters thesis, AFIT-LSSR-63-83.

/113/ Stein, W.: Eine Übersicht zum Stand der Bedienermodelle. In: Bernotat,R., Gärtner, K.-P., Widdel, A. (Hrsg.): Spektrum der Anthropotechnik: Beiträge zur Anpassung technischer Systeme an menschliche Leistungsbereiche. - Meckenheim: Warlich, 1987, S. 234 - 254.

/114/ Tsotsis, G.: Entwicklung eines biomechanischen Modells des Hand-Arm-Systems. - Berlin: Springer, 1987.

/115/ Warnecke, H.J.; Bullinger, H.-J.; Hichert, R.: Kostenrechnung für Ingenieure. - München; Wien: Hanser, 1981.

/116/ Watermann, D.; Washburn, C. T.: CYBERMAN, A Human Factors Design Tool. - Soc. of Automotive Engineers, Paper No. 780283.

/117/ Weber, L; Smoliar, S. W.; Badler, N. I.: An Architecture for the simulation of Human Movement. - In: ACM '78 Proc. Annual Conf., 1978, S. 737 - 745.

/118/ Wilmert, K. D.: Visualizing Human Body Motion Simulations. - In: IEEE Computer Graphics and Applications 2 (1982) S. 35 - 38.

/119/ Wilmert,, K. D.: Graphic Display of Human Motion. - In: ACM '78 Proc. Annual Conf., 1978, S. 715 - 719.

/120/ Young, R. D.: A 3-Dimensional Mathematical Model of an Automobile Passenger. - College Station, Texas USA: Texas Transportation Inst.,1970.

/121/ Zangemeister, C.: Nutzwertanalyse in der Systemtechnik. - München: Wittemansche Buchhandlung, 1976.

/122/ o. V.: Methodenlehre des Arbeitsstudiums: Teil 3.REFA Verband für Arbeitsstudien und Betriebsorganisation e. V. (Hrsg.). München: Hanser, 1985.

/123/ o. V.: Bosch-Arbeitshilfen für die ergonomische Arbeitsplatzgestaltung. 3. Aufl. - Stuttgart: Robert Bosch GmbH, 1985.

/124/ o. V.: Kieler Puppe - Körperumrißschablone nach DIN 33408. - Denkendorf: Fa. Riehle GmbH, 1979.

/125/ o. V.: Taschenbuch der Arbeitsgestaltung. - Institut für angewandte Arbeitswissenschaft e. V. (Hrsg.). - Köln: Bachem, 1977.

/126 o. V.: Aufwendungen für die Anschaffung eines Elektronenrechners (Computers). - Verfügung der Oberfinanzdirektion Frankfurt am Main vom 20.09.1988

10.2   <u>Normen und Richtlinien</u>

/127/   DIN   33402   Körpermaße des Menschen.
Teil 1: Begriffe, Meßverfahren, Januar 1978.
Teil 2: Werte, Oktober 1986.
Teil 3: Bewegungsraum bei verschiedenen Grundstellungen und Bewegungen, Oktober 1984.
Teil 4: Grundlagen für die Bemessung von Durchgängen, Durchlässen und Zugängen, Oktober 1986.

/128/   DIN   33406   Arbeitsplatzmaße im Produktionsbereich (Entwurf); Begriffe, Arbeitsplatztypen, Arbeitsplatzmaße, August 1986.

/129/   DIN   33408   Körperumrißschablonen für Sitzplätze.
Teil 1: Januar 1987.

/130/   DIN   33416   Zeichnerische Darstellung der menschlichen Gestalt in typischen Arbeitshaltungen, April 1985.

/131/   ISO   6549   Roadvehicles - Procedure for H-point determination, 1980.

/132/   VDI   2221   Methodik zum Entwickeln und Konstruieren technischer Systeme und Produkte, November 1986.

/133/   VDI   2222   Konzipieren technischer Produkte, Februar 1982.

/134/   VDI   2242   Konstruieren ergonomiegerechter Erzeugnisse, April 1986.

11 Anhang

11.1 Charakteristika zur Beschreibung alternativer Methoden anthropometrischer Arbeitsgestaltung

Datenherkunft:
Quelle der direkt zugrunde liegenden Struktur- und Funktionsmaße. Die Datenherkunft kann auf statistischen anthropometrischen Untersuchungen ganzer Bevölkerungsgruppen, daraus entstandenen Datensammlungen oder Individuen (bei der Datenerhebung) basieren.

Perzentilbereich:
Aussagen zu den mit der Methode darstellbaren Perzentilwerten von berufstätigen Männern und Frauen.

Skizzen-/Zeichnungsmaßstab:
Verhältnis der bei der Analyse und Gestaltung von Arbeitsmitteln zur Anwendung kommenden Maße zu den wirklichen Abmessungen (übliche Maßstäbe bei technischen Zeichnungen).

Darstellbare Körperhaltungen:
Methodenspezifische Berücksichtigung unterschiedlicher Körperhaltungen (z. B. Sitzen, Stehen) in verschiedenen Ausprägungen (z. B. Sitzen nach vorne gebeugt).

Statische/dynamische Anwendung:
Darstellbarkeit der Maße des menschlichen Körpers in Ruhe (statisch) und während Bewegungen (dynamisch).

Übliches Darstellungs- und Speichermedium:
Von der Methode bestimmte und i. d. R. eingesetzte Visualisierungs- und Dokumentationsform der anthropometrischen Datenbasis.

Darstellung von Arbeitsmitteln:
Art und Weise des Einbezugs des zu betrachtenden Arbeitsmittels bei der Anwendung einer Methode.

Hardwarebedarf:
Notwendige gerätetechnische Hilfsmittel für den Einsatz der Methode.

<u>Softwarebedarf:</u>
Beim Einsatz der Methode i. d. R. notwendige Software (im EDV-technischen
Sinne).

<u>Methodenabhängiger Raumbedarf:</u>
Mindestens benötigte Grundfläche und Raumhöhe für die Anwendung einer Metho-
de. Ein methodenabhängiger Raumbedarf wir immer dann ausgewiesen, wenn eine
Methode nicht an einem üblichen Büroarbeitsplatz angewandt werden kann.

11.2   <u>Kriterienkatalog der nutzwertanalytischen Betrachtung</u>

Die in Klammern im Anschluß an die Zielkriterien angegebene Codierung (Z1, Z2,
B, R oder W) verweist auf den für das Zielkriterium anzuwendenden Bewertungsschlüssel (vgl. 11.3).

<u>Zeitaufwand für die</u> ...

1)   ... <u>Installation</u>   (Z2)
       Dieses Zielkriterium beinhaltet die einmaligen zeitlichen Aufwendungen,
       die notwendig sind, um eine Methode für den Betrieb anwendungsbereit
       einzurichten. Damit sollen alle Zeiten für Aufstellung, notwendige Tests
       bzw. Probeläufe abgedeckt werden.

2)   ... <u>Einarbeitung</u>   (Z2)
       Unter dem Zielkriterium der Einarbeitungszeit sind all diejenigen Tätig-
       keitszeiten zusammengefaßt, welche dem potentiellen Anwender den um-
       fassenden Einsatz der jeweiligen Methode zu ausgewählten Aufgabenstel-
       lungen ermöglichen. Bezüglich der Einarbeitung neuer Anwender am je-
       weiligen System muß eine entsprechend häufige Wiederholung Berück-
       sichtigung finden.

3)   ... <u>Darstellung unterschiedlicher Haltungen/Stellungen</u>   (Z1)
       Dieses Zielkriterium steht für den Zeitaufwand, welcher für die Generie-
       rung grundlegender Haltungen des menschlichen Körpers - also Stehen,
       Sitzen und Liegen - sowie all ihrer Varianten - z. B. die Stellung des lordo-
       sen Sitzens - aufgebracht werden muß.

4) ... <u>Darstellung des Zusammenspiels der Gelenke</u> (Z1)

Das hier genannte Zielkriterium repräsentiert die Auswirkung der mehr als 70 unabhängig voneinander bewegbaren Gelenke des Menschen auf die für eine Darstellung benötigte Zeit. Dabei wirkt sich auf die Bearbeitungszeit nicht nur die Wahl eines anatomisch realen gegenüber einem technisch idealisierten Gelenk aus, sondern auch die Anzahl der für einen Vorgang zu bewegenden Gelenke.

5) ... <u>Darstellung von Details</u> (Z1)

Der Zeitaufwand für die Darstellung von Details beschreibt die Bearbeitungszeit für die Auflösung des menschlichen Körpers in entsprechende Einzeldarstellungen (z. B. das Hand-Arm-System, das Hand-Finger-System).

6) ... <u>Darstellung einer möglichen Abstützung des Körpers</u> (Z1)

Verschiedene Arbeitssituationen erfordern oder gestatten die Ausführung einer Handlung nur in abgestützter Haltung. Der Zeitaufwand für die Darstellung der jeweils abzustützenden Gliedmaßen oder Körperpartien wird in diesem Zielkriterium der Bewertung unterzogen.

7) ... <u>Darstellung von Körperstabilität</u> (Z1)

Neben den von außen auf den Menschen einwirkenden Kräften und Momenten (siehe 10) hat seine eigene Masse und Geometrie Einfluß auf den Verbleib in der jeweils gewählten Haltung bzw. Stellung. Die Zeitdauer für die Wiedergabe des Einflusses der Schwerpunktlage auf die Körperstabilität im Analyse- und Gestaltungsprozeß findet in diesem Zielkriterium Beachtung.

8) ... <u>Darstellung von Bewegungsabläufen</u> (Z1)

Bei der Darstellung von Bewegung ist nicht nur die Möglichkeit der Darstellung dynamischer Abläufe an sich von Bedeutung, sondern vor allem die Natürlichkeit des Ablaufes. Dabei erweist sich die statische Darstellung eines dynamischen Vorgangs stets als Widerspruch. Der temporäre Umfang zur Erstellung einer kompromißhaften Analyseunterlage in Momentaufnahmecharakter sowie echte dynamische Abläufe werden durch dieses Zielkriterium erfaßt.

9)   ... <u>Darstellung von Bewegungsräumen</u>   (Z1)

Der Begriff der Bewegungsräume ist in diesem Zielkriterium im Sinn von Reichweitenräumen der Extremitäten (Beine, Arme und Finger) zu verstehen. Der Zeitaufwand zur Aufzeichnung dieser Grenzen steht hier zur Einstufung an.

10)   ... <u>Darstellung der Einwirkung von Kräften und Momenten</u>   (Z1)

Dieses Zielkriterium geht auf die von außen auf das Biosystem Mensch wirkenden Vektoren ein, d. h. darauf, in welcher Zeit mit einer Methode diese über Bedien- und Stellteile sowie Werkzeuge und Werkstücke auf den Menschen gerichteten Belastungen berücksichtigt werden können.

11)   ... <u>Darstellung der relevanten technischen Arbeitssystemelemente</u>   (Z1)

Unter technischen Arbeitssystemelementen sind alle der Erfüllung von Arbeitsaufgaben dienenden Arbeitsmittel (d. h. mobile und stationäre Arbeitsplätze und Betriebsmittel) einzuordnen. Die ausschließlich durch die Anwendung einer betrachteten Methode aufzuwendende Zeit für die Übertragung dieser Elemente in die Gestaltungsunterlage ist die abzumessende Grundlage für die Höhe des Erfüllungsgrades gegenüber diesem Zielkriterium.

12)   ... <u>Darstellung von Änderungen an Arbeitssystemelementen</u>   (Z1)

Änderungen an Arbeitssystemelementen betreffen neben den erwähnten Arbeitsmitteln auch den im System agierenden Menschen selbst. Werden in einer Analyse aus ergonomischen oder technischen Gründen Modifikationen erforderlich, so ist es in den Darstellungen häufig notwendig, neben Arbeitplatz und Betriebsmitteln auch den Menschen (z. B. in Haltung und Stellung oder hinsichtlich der Einwirkung von Kräften und Momenten) verändert abzubilden. Der hierfür notwendige Zeitaufwand wird in diesem Zielkriterium gemessen.

13)   ...<u>Darstellung von dynamischen Prozessen</u>   (Z1)

Unter dynamischen Prozessen werden innerhalb dieses Zielkriteriums alle notwendigen Bewegungsvorgänge von technischen Arbeitssystemelementen verstanden. Dazu gehören beispielsweise die Zufuhr bzw. Entsorgung von Arbeitsgegenständen oder die Bewegung von Maschinenteilen. Der hierfür notwendige Zeitaufwand wird beschrieben.

14) <u>...Wartung und Instandhaltung</u> (Z1)
Wartungs- und Instandhaltungszeiten hängen stark von der technischen
Komplexität des Gestaltungswerkzeuges ab. Zur Vermeidung von Aus-
fällen und der Erhaltung der Qualität der Analysen sollten präventive
Maßnahmen entsprechend regelmäßig ausgeführt und in der Bewertung
angemessen eingestuft werden.

15) <u>Voraussetzungen hinsichtlich der Qualifikation des Anwenders</u> (B)
Dieses Zielkriterium beschreibt das Maß an notwendiger Qualifikation
(Wissen und Erfahrung) des Anwenders im Umgang mit der Methode, um
sinnhaltige Ergebnisse beim Einsatz einer Methode zu erreichen.

16) <u>Vorraussetzungen bzgl. Kenntnissen über Hardware bzw. Software</u> (B)
Dieses Zielkriterium beschreibt die "handwerklichen" Fähigkeiten und
Fertigkeiten eines Methodenanwenders, die erforderlich sind, eine Analy-
se- und Gestaltungsaufgabe mit der jeweiligen Methode auszuführen. Dieses Zielkriterium erfaßt somit im Gegensatz zu 15) die reine Handhabung
(Bedienung) des gerätetechnischen Aufbaus und der notwendigen Software einer Methode.

17) <u>Darstellung von Mensch und technischen Arbeitssystemelementen in</u>
<u>einer Bearbeitungsebene</u> (R)
Je nach der zur Anwendung gebrachten Methode erfolgt die Darstellung
der Arbeitsperson in einer Dokumentationsebene, die der technischen Arbeitssystemelemente in einer weiteren Ebene. Erst in einer dritten Dokumentationsebene ist dann eine Zusammenführung der Einzelabbildungen
bzw. eine gemeinsame Generierung realisierbar. Dieses Zielkriterium beschreibt den Realitätsbezug einer gemeinsamen Darstellung, ohne die
realitätsgetreue Abbildung der einzelnen Arbeitssystemelemente zu berücksichtigen.

18) <u>Unabhängige Bearbeitung der Darstellung von Mensch bzw. technischen</u>
<u>Arbeitssystemelementen</u> (R)
Hinsichtlich der Abbbildung von Mensch und technischen Arbeitssystemelementen wird auf das vorstehende Zielkriterium 17) verwiesen. Hierauf
aufbauend unterscheidet dieses Zielkriterium allerdings weitergehend,
inwiefern Arbeitsperson und Arbeitsmittel getrennt voneinander und ohne Rückwirkung dargestellt, verändert oder umplaziert werden können.
Damit wird eine parallele zeitsparende Bearbeitung ohne zusätzliche Er-

gänzungen/Löschungen der jeweils unverändert belassenen Darstellung beschrieben.

19) <u>Darstellbarkeit von Bewegung</u>   (R)

Das Zielkriterium der Darstellbarkeit von Bewegung berücksichtigt die Form der Wiedergabe dynamischer Vorgänge beim Menschen. Bei der Einstufung eines Verfahrens bezüglich Orts- und Lageveränderung des menschlichen Körpers bzw. der Gliedmaßen desselben ist zu unterscheiden, ob Bewegungsbahnen und -abläufe kontinuierlich oder nur sequentiell aufgezeichnet werden können.

<u>Präzision der Nachbildung des Körpers...</u>

20) <u>... in Haltung/Stellung</u>   (R)

Hinsichtlich der Einstufung des Zielkriteriums Haltung/Stellung unter dem Oberbegriff Präzision gilt sinngemäß die gleiche Aussage wie unter 3), allerdings im Bezug auf die Wiedergabegenauigkeit.

21) <u>...bei den Gelenken</u>   (R)

Dieses Zielkriterium erfaßt den Einfluß der im Gestaltungshilfsmittel nachempfundenen Gelenkmechanismen hinsichtlich ihrer wirklichkeitsgetreuen Veränderung der äußeren Körperstruktur in Abhängigkeit von der Gelenkstellung. Wie schon in 4) dargestellt, dürfen die Funktionsprinzipien der menschlichen Gelenke nicht ohne weiteres mechanisch auf die Bewegungen des Körpers übertragen werden. So ändert sich z. B. bei Bewegungen des Schultergelenkes die Lage des Schulterblattes und damit die Lagerung des Gelenkes selbst, was wiederum eine Reichweitenveränderung des Armes in Abhängigkeit von seiner Orientierung zur Folge hat. Eine Darstellung dieses Gelenkes als reines Scharniergelenk mit Fixdrehpunkt in der entsprechenden Projektionsebene kann also keine naturidentische Lösung verkörpern.

22) <u>...in der Detailgenauigkeit</u>   (R)

Die Detailgenauigkeit ist keineswegs gleichzusetzen mit der bloßen Vergrößerung der Ansicht.Vielmehr muß beispielsweise der Übergang von einer Ganzkörperuntersuchung zur feinmotorischen Studie der Hand beinhalten, daß diese Extremität wiederum in ihre Glieder und Gelenke aufgelöst dargestellt werden kann. Der Grad dieser Kombination von Vergrößerung und Auflösung stellt damit den Maßstab für die Einstufung dieses Zielkriteriums dar.

23)   ...<u>bei einer Abstützung</u>   (R)

Die Abstützung des Körpers bei entsprechenden Arbeitsvorgängen bedeutet nicht allein den Kontakt der betroffenen Körperaußenfläche mit technischen Arbeitssystemelementen. Durch das Eigengewicht des Körpers sowie die auszuführende Tätigkeit wird die Körperform, möglicherweise auch die Haltung beeinflußt.

24)   ...<u>bezüglich Stabilität</u>   (R)

Hinsichtlich der Standfestigkeit an sich gilt die unter 7) gemachte Aussage. Gegenstand der Bewertung unter diesem Zielkriterium ist somit hier die Exaktheit der Wiedergabe.

25)   ...<u>im Ablauf von Bewegungen</u>   (R)

Der Begriff der Natürlichkeit der Bewegungen wurde in 8) im Hinblick auf Darstellungszeitbedarf angesprochen. In diesem Zielkriterium ist die Genauigkeit nachgebildeter Bewegungsabläufe einzustufen. Anders als bei technischen Systemen läuft eine Zielpunktansteuerung nicht über Bewegungen entlang aneinandergefügter kartesischer Koordinaten oder bahngesteuert ab. Einer nachempfundenen Bewegung des Menschen muß zumindest das der Bionik und damit der Natur entnommene Minimum-Maximum-Prinzip zugrunde liegen.

26)   ...<u>hinsichtlich der Bewegungsräume</u>   (R)

Ebenso wie bei 9) sind hier unter Bewegungsräumen die von den Grenzflächen der Reichweiten der Extremitäten eingeschlossenen Volumina zu verstehen. Die Güte der Nachbildung während des Analyse- und Gestaltungsprozesses soll in diesem Zielkriterium beschrieben werden.

27)   ...<u>bei Berücksichtigung von Kräften und Momenten</u>   (R)

Durch die Vorhersage von unkontrollierten (passiven) Bewegungen des Körpers bzw. von Teilen desselben unter dem Einfluß von äußeren Kräften können Gefahrenstellen in einer Arbeitsumgebung erkannt und beseitigt werden. Ferner ist es möglich, unzulässige Belastungen beim Manipulieren von Objekten schon in der Planung auszuschließen. Durch die Verschiebung von Kraftangriffspunkten und die Überarbeitung von Hebelarmen können Kraft- und Momentwirkungen unter anderem auf

Schultergürtel und Wirbelsäule minimiert werden. Je genauer sich diese Vektoren am Menschen wiedergeben lassen, desto effektiver ist der Einsatz der Methode unter diesem Zielkriterium zu bewerten.

Präzision der Darstellung ...

28) ...relelevanter technischer Arbeitssystemelemente   (R)
zur Erreichung einer hohen Planungs- und Gestaltungsqualität sollten neben der naturgetreuen Wiedergabe des Körperumrisses und der Bewegungsabläufe des Menschen auch die technischen Arbeitssystemelemente realitätsbezogen reproduzierbar sein. Dieses Zielkriterium beschreibt die Darstellung der ausgewählten technischen Arbeitssystemelemente ausschließlich unter Anwendung der Methode, die von einfachen geometrischen Grundformen bis hin zur detaillierten Konstruktionsunterlage reichen kann.

29) ... von Änderungen an Arbeitssystemelementen   (R)
Für die Darstellung von Änderungen an Arbeitssystemelementen sei hier auf die Beschreibung unter 12) verwiesen. Beurteilt wird in diesem Zielkriterium allerdings die Genauigkeit, mit der die genannten Änderungen ausgeführt werden können.

30) ...dynamischer Prozesse   (R)
Können Bewegungsvorgänge technischer Arbeitssystemelemente mit einer Gestaltungsmethode bildlich dargestellt werden (vgl. 13) , so ist zunächst wieder zu unterscheiden, ob der Vorgang kontinuierlich oder intermittierend erfaßt werden kann. Ferner findet bei der Vergabe eines Erfüllungsgrades die Form der Bewegung - d. h. auf einer beliebigen räumlichen Bahn oder entlang kartesischer Koordinaten - Berücksichtigung.

31) Variabilität im Maßstab   (W)
Eine möglichst freie Wahl des Maßstabes ist Grundlage für den umfassenden Einsatz einer Methode. Dies gilt umso mehr, wenn es sich bei der gestellten Aufgabe nicht um die Neuplanung (z. B. eines Arbeitsplatzes) handelt, sondern korrektiv an bereits existierenden Konstruktionszeichnungen gearbeitet werden muß.

32) <u>Variabilität in der Dimensionenzahl</u> (W)

Die Variabilität in der Dimensionenzahl - also die Möglichkeit der Erzeugung von ein, zwei oder drei (orthogonalen) Ansichten bzw. von räumlichen Darstellungen aus einer oder mehreren Blickrichtungen , bestimmt in diesem Zielkriterium die Höhe des Erfüllungsgrades.

33) <u>Variabilität hinsichtlichtlich der Wahl der Ansicht/Perspektive</u> (W)

Um von einer Konstruktion einen räumlichen Eindruck zu erlangen, ist die Möglichkeit zur Auswahl der Darstellungsansicht/-perspektive wichtig. Dieses Zielkriterium beschreibt die Anzahl der wählbaren Ansichten und Perspektiven.

34) <u>Bedienungskomfort</u> (W)

Unter Bedienungskomfort ist in diesem Zielkriterium die Einfachheit der Erzeugung einer gewählten Darstellung zu verstehen.In dieser Hinsicht wirkt sich der Bedienungskomfort der Methode in der Systemrückkopplung unmittelbar positiv auf die angestrebten Gestaltungsmaßnahmen aus.

35) <u>Flexibilität bezüglich Körperteilmaßen von Individuen</u> (W)

Um nicht nur komplette Arbeitsmittel sondern auch einzelne Elemente davon zum Gegenstand von Untersuchungen machen zu können, muß das übliche Pezentilspektrum der Körper- und Körperteilmaße in beliebigen Kombinationen verfügbar sein. Das Ausmaß der verfügbaren Flexibilität spiegelt sich in der Bewertung dieses Zielkriteriums wieder.

36) <u>Flexibilität hinsichtlich der Einbeziehung besonderer</u>
<u>Personengruppen</u> (W)

Unter besonderen Personengruppen sind vornehmlich Kinder, Senioren, Schwangere oder körperlich behinderte Menschen wie z.B. Rollstuhlfahrer zu verstehen. Die Flexibilität einer Methode hinsichtlich der Vielzahl der berücksichtigten Personengruppen wird von diesem Zielkriterium beschrieben.

37) <u>Flexibilität bezüglich der Einsatzbereiche</u> (W)

Unter Einsatzbereichen werden die unterschiedlichen Aufgabenstellungen anthropometrischer Arbeitsgestaltungen verstanden, die von einfachen Montagearbeiten bis hin zu Fahrer- und Flugzeugarbeitsplätzen reichen können. Dieses Zielkriterium beschreibt hierfür den Grad der Flexibilität der Methode für die praktische Anwendung.

38) <u>Dokumentation</u> (D)

Nach Abschluß des Analyse- und Gestaltungsprozesses müssen die gewonnenen Informationen für eine weitere Bearbeitung bzw. als Nachweis der Archivierung zugeführt werden. Neben der Struktur der Information (bildlich statisch/dynamisch oder alphanumerisch) ist zu beurteilen, auf welches Speichermedium die Dokumentation erfolgt und ob für den erneuten Zugriff das gesamte Methodeninstrumentarium zur Verfügung stehen muß.

39) <u>Ausbaufähigkeit</u> (W)

Das Zielkriterium der Ausbaufähigkeit beschreibt, in welchem Umfang die jeweiligen Methoden mit dem Wandel der Technik und der Wissenschaft Schritt halten können. So sollte eine Methode zur anthropometrischen Arbeitsgestaltung aktualisierbar sein.Um eine Anpassung an kompliziertere Aufgabenstellungen oder Planungen durchführen zu können, ist ein modularer Aufbau empfehlenswert.

40) <u>Fehlerquellen auf der Anwenderseite</u> (B)

Fehler des Anwenders einer Methode können z. B. aus einer unzureichenden Qualifizierung resultieren. Auch Bedienfehler, z.B. die Einstellung unzulässiger Winkel an den Gelenken, sind Gegenstand dieses Zielkriteriums. Damit wird die Menge der von der Methode zugelassenen Fehlerquellen auf der Anwenderseite beschrieben.

41) <u>Fehlerquellen im System</u> (B)

Alle in diesem Zielkriterium angesprochenen Fehler fallen unter die Kategorie der möglichen Modell- oder Abbildungsfehler einer Methode (Systemfehler). Im Zielkriterium wird die Häufigkeit der möglichen Systemfehler beschrieben.

11.3 <u>Bewertungsschlüssel für die nutzwertanalytische Betrachtung</u>

Jeder der nachfolgenden Bewertungsschlüssel weist für die Zuordnung der Beschreibung eines Zielkriteriums zu dem Erfüllungsgrad der zu bewertenden Methode ein Spektrum von 0 bis 5 Punkten auf. Die Schlüssel mit qualitativem Bewertungscharakter dienen dem abstufenden Vergleich der Methoden; es kann damit keine absolute quantitative Aussage getroffen werden.

Zeitdauer-Schlüssel (Z)

Der Z-Schlüssel geht von einem 8-stündigem Arbeitstag, einer 5-tägigen Arbeitswoche sowie einem 20-tägigen Arbeitsmonat einer Person aus. Der Z1-Schlüssel bezieht sich auf einen Arbeitstag, der Z2-Schlüssel auf Zeiten von einem Arbeitstag bis mehrere Arbeitsmonate. Der Z2-Schlüssel definiert mit zunehmender Punktezahl kürzere Zeiten, da vom Anwender im unteren zeitlichen Arbeitsbereich eine relativ scharfe Eingrenzung erwartet werden kann, während mit zunehmender Zeitdauer die Einstufung meist nicht präziser möglich ist.

Z1-Schlüssel:

0 Punkte	:	in keiner angemessenen Arbeitszeit
1 Punkt	:	in gerade noch vertretbarer Zeit im Sinne eines Arbeitstages
2 Punkte	:	in annehmbarer Zeit
3 Punkte	:	in durchschnittlicher Zeit
4 Punkte	:	zügig/rasch
5 Punkte	:	sehr schnell im Sinne von Minuten

Z2-Schlüssel:

0 Punkte	:	in keiner angemessenen Arbeitszeit
1 Punkt	:	Zeitraum von 1 bis 3 Arbeitsmonaten
2 Punkte	:	Zeitraum von 2 bis unter 4 Arbeitswochen
3 Punkte	:	Zeitraum von 2 bis unter 10 Arbeitstagen
4 Punkte	:	Zeitraum von 1 bis unter 2 Arbeitstagen
5 Punkte	:	Zeitraum von weniger als 1 Arbeitstag

<u>Bedeutungs-Schlüssel (B)</u>

Der B-Schlüssel mißt großen Häufigkeiten eine geringe Bedeutung zu und damit niedrigere Erfüllungsgrade:

0 Punkte	:	unzulässig/unzumutbar viel(e)
1 Punkt	:	sehr viel(e)
2 Punkte	:	viel(e)
3 Punkte	:	durchschnittlich(e)/mittel
4 Punkte	:	wenig(e)
5 Punkte	:	kein(e)

<u>Schlüssel für realitätsgetreue Wiedergabe/Darstellung von Arbeitssystemelementen (R)</u>

Der R-Schlüssel bewertet die unterschiedliche Qualität des mit einer Methode erzielbaren Abbildes von Mensch und/oder technischen Arbeitssystemelementen innerhalb des Analyse- und Gestaltungsprozesses:

0 Punkte	:	ohne jeden Realitätsbezug
1 Punkt	:	mit erkennbarem Realitätsbezug
2 Punkte	:	in starker Vereinfachung der Realität
3 Punkte	:	vereinfachend gegenüber der Realität
4 Punkte	:	in guter Näherung an die Realität
5 Punkte	:	realitätsgetreu

<u>Wandlungs-Schlüssel (W)</u>

Der W-Schlüssel mißt die von verschiedenen Zielkriterien geforderte Anpassungsfähigkeit (Wandlung) einer Methode:

0 Punkte	:	nicht möglich/nicht vorhanden
1 Punkt	:	sehr gering
2 Punkte	:	gering
3 Punkte	:	durchschnittlich/mittel
4 Punkte	:	hoch
5 Punkte	:	sehr hoch

<u>Sonderschlüssel für die Dokumentation (D)</u>

Der D-Schlüssel ist für die alleinige Anwendung auf das Zielkriterium Dokumentation ausgerichtet und beschreibt, in welcher Form die Ergebnisse des Analyse- und Gestaltungsprozesses archiviert und ggf. wieder reproduziert werden können:

1 Punkt	:	in Form einfacher alphanumerischer Daten auf Papier
2 Punkte	:	in Form statischer Bilder sowie alphanumerischer Daten auf Papier
3 Punkte	:	in Form statischer Bilder sowie alphanumerischer Daten auf flexiblen wiederverwendbaren Speichermedien
4 Punkte	:	in Form statischer und dynamischer Bilder sowie alphanumerischer Daten auf flexiblen wiederverwendbaren Speichermedien
5 Punkte	:	in Form statischer und dynamischer Bilder sowie alphanumerischer Daten auf flexiblen wiederverwendbaren Speichermedien bei Wiedergabemöglichkeiten auch ohne methodenspezifische Hard- und Software

11.4 Hierarchische Zielsysteme der Anwendungsfälle 2 bis 4 der nutzwertanalytischen Betrachtung

In den nachfolgenden Bildern A-1 bis A-3 sind die unterschiedlichen Gewichtungen der einzelnen Zielkriterien des hierarchischen Zielsystems für die in Abschnitt 5.2.1.3 beschriebenen Anwendungsfälle 2 bis 4 dargestellt.

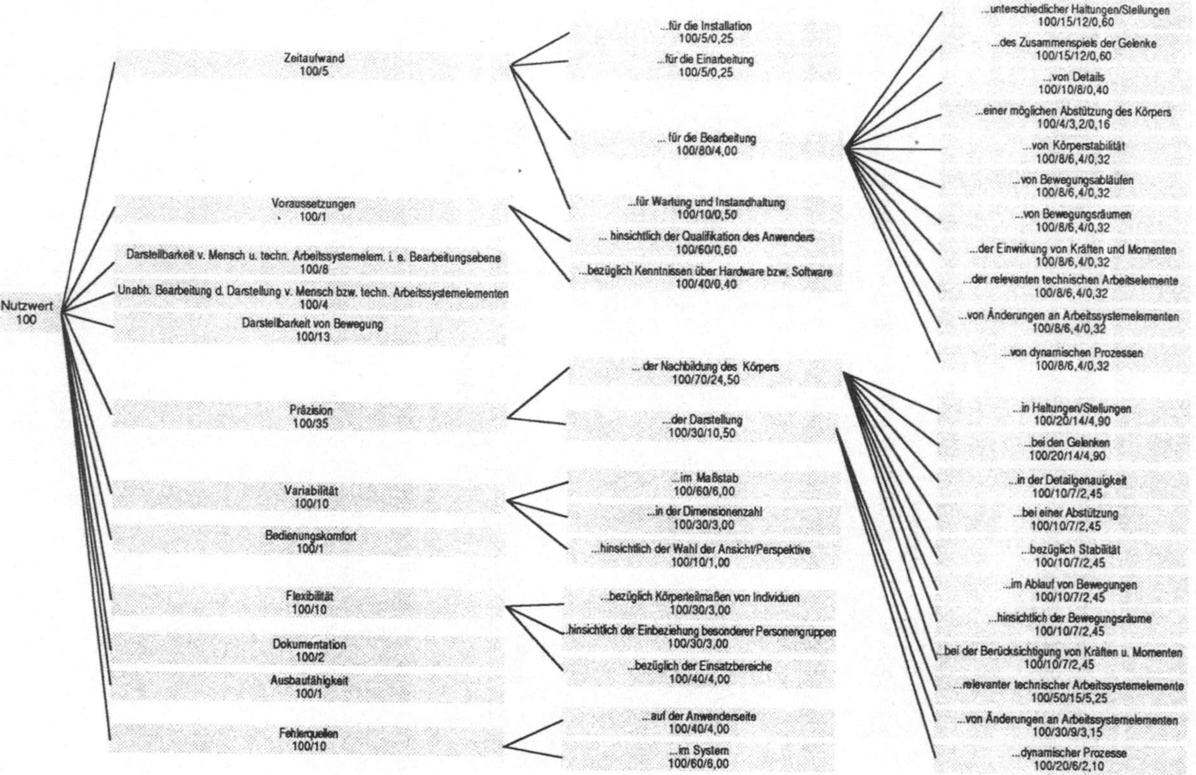

Bild A-1: **Prozentuale** Aufteilung der Gewichtungsfaktoren der **Zielkriterien im** hierarchischen Zielsystem für den Anwendungsfall 2

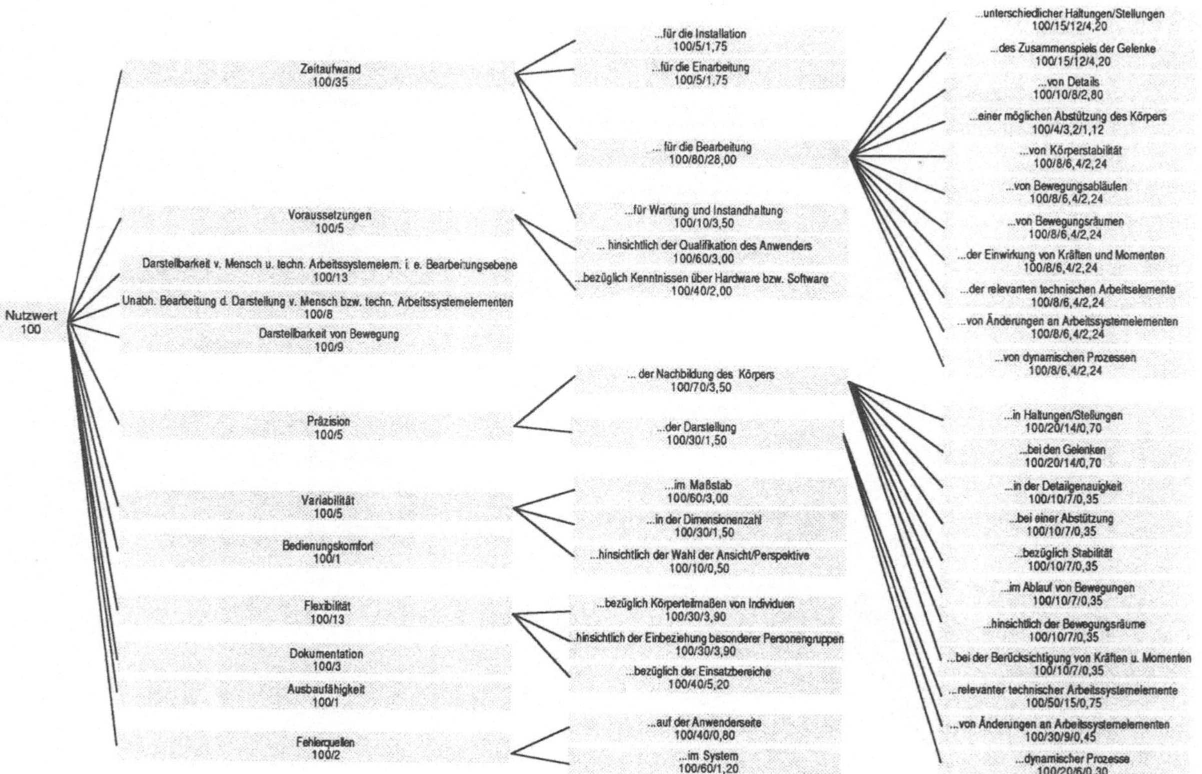

Bild A-2: Prozentuale Aufteilung der Gewichtungsfaktoren der Zielkriterien im hierarchischen Zielsystem für den Anwendungsfall 3

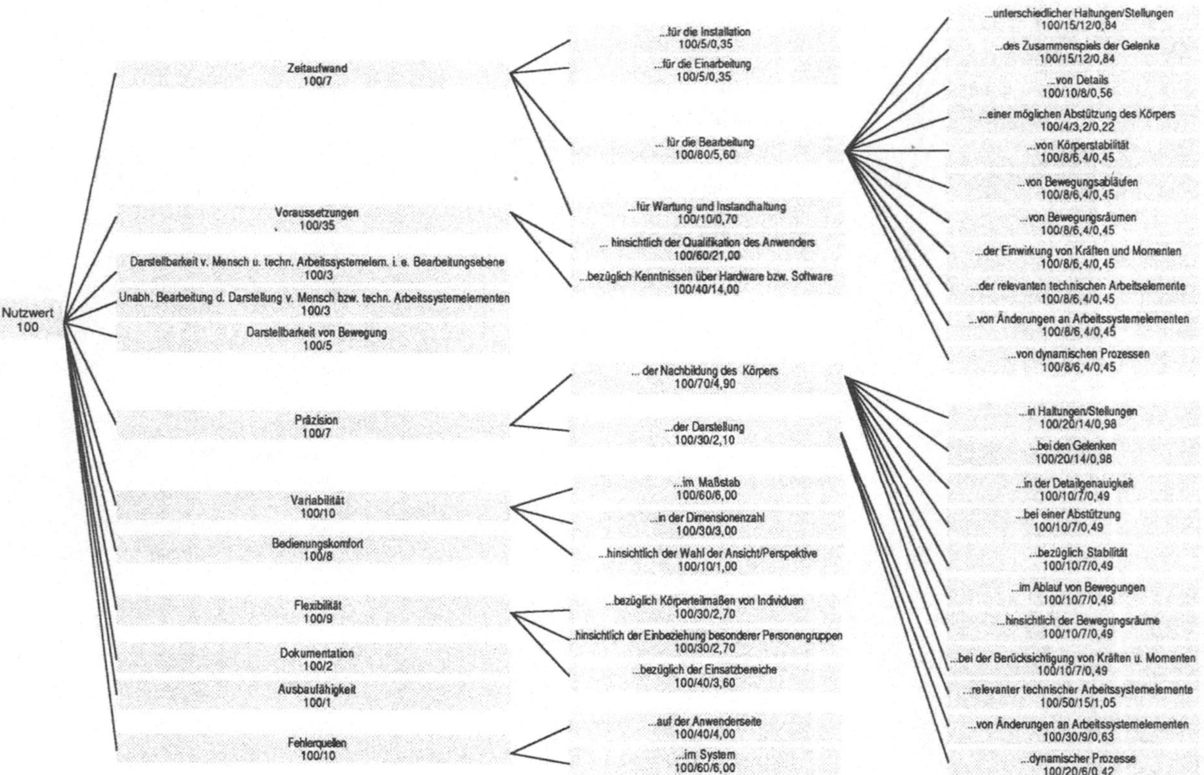

Bild A-3: Prozentuale Aufteilung der Gewichtungsfaktoren der Zielkriterien im hierarchischen Zielsystem für den Anwendungsfall 4

11.5   Ergebnisse der nutzwertanalytischen Betrachtung der Anwendungsfälle 2 bis 4

Die Ergebnisse der nutzwertanalytischen Betrachtung der Anwendungsfälle 2 bis 4 sind in den Bildern A-4 bis A-6 dargestellt.

METHODEN DER ANTHROPOMETRISCHEN ARBEITSGESTALTUNG / KRITERIUM	Schlüssel	G	Video-Somatographie E	Video-Somatographie G·E	Körpermaß-tabelle E	Körpermaß-tabelle G·E	Körperumriß-schablone E	Körperumriß-schablone G·E	Kieler Puppe E	Kieler Puppe G·E	Menschmodell FRANKY E	Menschmodell FRANKY G·E	Menschmodell OSCAR E	Menschmodell OSCAR G·E
Zeitaufwand • für die Installation	Z2	0,25	1	0,25	5	1,25	5	1,25	5	1,25	2	0,50	3	0,75
• für die Einarbeitung	Z2	0,25	2	0,50	3	0,75	4	1,00	5	1,25	1	0,25	2	0,50
• für die Darstellung - unterschiedlicher Haltungen/Stellungen	Z1	0,60	5	3,00	1	0,60	2	1,20	3	1,80	4	2,40	3	1,80
- des Zusammenspieles der Gelenke	Z1	0,60	5	3,00	0	0	1	0,60	2	1,20	3	1,80	2	1,20
- von Details	Z1	0,40	5	2,00	1	0,40	2	0,80	3	1,20	4	1,60	3	1,20
- einer möglichen Abstützung des Körpers	Z1	0,16	4	0,64	0	0	1	0,16	1	0,16	3	0,48	2	0,32
- von Körperstabilität	Z1	0,32	5	1,60	0	0	1	0,32	1	0,32	3	0,96	2	0,64
- von Bewegungsabläufen	Z1	0,32	5	1,60	0	0	1	0,32	2	0,64	3	0,96	1	0,32
- von Bewegungsräumen	Z1	0,32	5	1,60	1	0,32	2	0,64	3	0,96	4	1,28	4	1,28
- der Einwirkung von Kräften und Momenten	Z1	0,32	4	1,28	0	0	0	0	0	0	3	0,96	2	0,64
- der relevanten techn. Arbeitssystemelemente	Z1	0,32	2	0,64	0	0	0	0	0	0	4	1,28	3	0,96
- von Änderungen an Arbeitssystemelementen	Z1	0,32	3	0,96	1	0,32	2	0,64	2	0,64	4	1,28	3	0,96
- von dynamischen Prozessen	Z1	0,32	1	0,32	0	0	0	0	0	0	3	0,96	2	0,64
• für Wartung und Instandhaltung	Z1	0,50	1	0,50	5	2,50	5	2,50	4	2,00	3	1,50	3	1,50
Voraussetzungen • hinsichtlich der Qualifikation des Anwenders	B	0,60	1	0,60	1	0,60	3	1,80	3	1,80	1	0,60	2	1,20
• bezüglich Kenntnissen über Hardware bzw. Software	B	0,40	2	0,80	4	1,60	4	1,60	4	1,60	2	0,80	3	1,20
Darstellbarkeit von Mensch und techn. Arbeitssystemelementen in einer Bearbeitungsebene	R	8,00	5	40,00	1	8,00	3	24,00	3	24,00	5	40,00	4	32,00
Unabhängige Bearbeitung der Darstellung von Mensch bzw. techn. Arbeitssystemelementen	R	4,00	5	20,00	1	4,00	2	8,00	2	8,00	4	16,00	3	12,00
Darstellbarkeit von Bewegung	R	13,00	5	65,00	0	0	1	13,00	2	26,00	4	52,00	3	39,00
Präzision • der Nachbildung des Körpers - in Haltung/Stellung	R	4,90	5	24,50	1	4,90	3	14,70	3	14,70	4	19,60	3	14,70
- bei den Gelenken	R	4,90	5	24,50	0	0	2	9,80	3	14,70	4	19,60	3	14,70
- in der Detailgenauigkeit	R	2,45	5	12,25	1	2,45	2	4,90	3	7,35	4	9,80	3	7,35
- bei einer Abstützung	R	2,45	4	9,80	0	0	1	2,45	1	2,45	3	7,35	3	7,35
- bezüglich Stabilität	R	2,45	5	12,25	0	0	1	2,45	1	2,45	3	7,35	3	7,35
- im Ablauf von Bewegungen	R	2,45	5	12,25	0	0	1	2,45	1	2,45	3	7,35	2	4,90
- hinsichtlich der Bewegungsräume	R	2,45	5	12,25	1	2,45	2	4,90	3	7,35	4	9,80	4	9,80
- bei Berücksichtigung v. Kräften u. Momenten	R	2,45	5	12,25	0	0	0	0	0	0	4	9,80	3	7,35
• der Darstellung - relevanter techn. Arbeitssystemelemente	R	5,25	4	21,00	0	0	0	0	0	0	5	26,25	3	15,75
- v. Änderungen an Arbeitssystemelementen	R	3,15	4	12,60	1	3,15	2	6,30	2	6,30	5	15,75	3	9,45
- dynamischer Prozesse	R	2,10	1	2,10	0	0	0	0	0	0	3	6,30	2	4,20
Variabilität • im Maßstab	W	6,00	5	30,00	5	30,00	1	6,00	2	12,00	5	30,00	5	30,00
• in der Dimensionenzahl	W	3,00	5	15,00	4	12,00	3	9,00	3	9,00	5	15,00	5	15,00
• hinsichtlich der Wahl der Ansicht/Perspektive	W	1,00	4	4,00	1	1,00	2	2,00	2	2,00	5	5,00	3	3,00
Bedienungskomfort	W	1,00	3	3,00	1	1,00	2	2,00	3	3,00	4	4,00	5	5,00
Flexibilität • bezüglich Körperteilmaßen von Individuen	W	3,00	4	12,00	3	9,00	2	6,00	2	6,00	5	15,00	4	12,00
• hinsichtlich der Einbeziehung besonderer Personengruppen	W	3,00	5	15,00	2	6,00	1	3,00	1	3,00	2	6,00	2	6,00
• bezüglich der Einsatzbereiche	W	4,00	4	16,00	3	12,00	1	4,00	2	8,00	4	16,00	4	16,00
Dokumentation	D	2,00	5	10,00	1	2,00	2	4,00	2	4,00	4	8,00	3	6,00
Ausbaufähigkeit	W	1,00	3	3,00	4	4,00	2	2,00	2	2,00	4	4,00	4	4,00
Fehlerquellen • auf der Anwenderseite	B	4,00	3	12,00	1	4,00	2	8,00	3	12,00	4	16,00	4	16,00
• im System	B	6,00	3	18,00	4	24,00	4	24,00	4	24,00	4	24,00	4	24,00
NUTZWERT		100,0		438,04		138,29		175,78		215,57		407,56		338,01
RANG				I		VI		V		IV		II		III
ANTEIL AM MAXIMALEN NUTZWERT				87,6%		27,7%		35,2%		43,1%		81,5%		67,6%

Bild A-4: Ergebnisse der Nutzwertanalyse für den Anwendungsfall 2

METHODEN DER ANTHROPOMETRISCHEN ARBEITSGESTALTUNG	Schlüssel	G	Video-Somatographie		Körpermaß-tabelle		Körperumriß-schablone		Kieler Puppe		Menschmodell FRANKY		Menschmodell OSCAR	
KRITERIUM			E	G·E	E	G·E	E	G·E	E	G·E	E	G·E	E	G·E
Zeitaufwand · für die Installation	Z2	1,75	1	1,75	5	8,75	5	8,75	5	8,75	2	3,50	3	5,25
· für die Einarbeitung	Z2	1,75	2	3,50	3	5,25	4	7,00	5	8,75	1	1,75	2	3,50
· für die Darstellung - unterschiedlicher Haltungen/Stellungen	Z1	4,20	5	21,00	1	4,20	2	8,40	3	12,60	4	16,80	3	12,60
- des Zusammenspieles der Gelenke	Z1	4,20	5	21,00	0	0	1	4,20	2	8,40	3	12,60	2	8,40
- von Details	Z1	2,80	5	14,00	1	2,80	2	5,60	3	8,40	4	11,20	3	8,40
- einer möglichen Abstützung des Körpers	Z1	1,12	4	4,48	0	0	1	1,12	1	1,12	3	3,36	2	2,24
- von Körperstabilität	Z1	2,24	5	11,20	0	0	1	2,24	1	2,24	3	6,72	2	2,24
- von Bewegungsabläufen	Z1	2,24	5	11,20	0	0	1	2,24	2	4,48	3	6,72	1	2,24
- von Bewegungsräumen	Z1	2,24	5	11,20	1	2,24	2	4,48	3	6,72	4	8,96	4	8,96
- der Einwirkung von Kräften und Momenten	Z1	2,24	4	8,96	0	0	0	0	0	0	3	6,72	2	4,48
- der relevanten techn. Arbeitssystemelemente	Z1	2,24	2	4,48	0	0	0	0	0	0	4	8,96	3	6,72
- von Änderungen an Arbeitssystemelementen	Z1	2,24	3	6,72	1	2,24	2	4,48	2	4,48	4	8,96	3	6,72
- von dynamischen Prozessen	Z1	2,24	1	2,24	0	0	0	0	0	0	3	6,72	2	4,48
· für Wartung und Instandhaltung	Z1	3,50	1	3,50	5	17,50	5	17,50	4	14,00	3	10,50	3	10,50
Voraussetzungen · hinsichtlich der Qualifikation des Anwenders	B	3,00	1	3,00	1	3,00	3	9,00	3	9,00	1	3,00	2	6,00
· bezüglich Kenntnissen über Hardware bzw. Software	B	2,00	2	4,00	4	8,00	4	8,00	4	8,00	2	4,00	3	6,00
Darstellbarkeit von Mensch und techn. Arbeitssystemelementen in einer Bearbeitungsebene	R	13,00	5	65,00	1	13,00	3	39,00	3	39,00	5	65,00	4	52,00
Unabhängige Bearbeitung der Darstellung von Mensch bzw. techn. Arbeitssystemelementen	R	8,00	5	40,00	1	8,00	2	16,00	2	16,00	4	32,00	3	24,00
Darstellbarkeit von Bewegung	R	9,00	5	45,00	0	0	1	9,00	2	18,00	4	36,00	3	27,00
Präzision · der Nachbildung des Körpers - in Haltung/Stellung	R	0,70	5	3,50	1	0,70	3	2,10	3	2,10	4	2,80	3	2,10
- bei den Gelenken	R	0,70	5	3,50	0	0	2	1,40	3	2,10	4	2,80	3	2,10
- in der Detailgenauigkeit	R	0,35	5	1,75	1	0,35	2	0,70	3	1,05	4	1,40	3	1,05
- bei einer Abstützung	R	0,35	4	1,40	0	0	1	0,35	1	0,35	3	1,05	3	1,05
- bezüglich Stabilität	R	0,35	5	1,75	0	0	1	0,35	1	0,35	3	1,05	3	1,05
- im Ablauf von Bewegungen	R	0,35	5	1,75	0	0	1	0,35	1	0,35	3	1,05	2	0,70
- hinsichtlich der Bewegungsräume	R	0,35	5	1,75	1	0,35	2	0,70	3	1,05	4	1,40	4	1,40
- bei Berücksichtigung v. Kräften u. Momenten	R	0,35	5	1,75	0	0	0	0	0	0	4	1,40	3	1,05
· der Darstellung - relevanter techn. Arbeitssystemelemente	R	0,75	4	3,00	0	0	0	0	0	0	5	3,75	3	2,25
- v. Änderungen an Arbeitssystemelementen	R	0,45	4	1,80	1	0,45	2	0,90	2	0,90	5	2,25	3	1,35
- dynamischer Prozesse	R	0,30	1	0,30	0	0	0	0	0	0	3	0,90	2	0,60
Variabilität · im Maßstab	W	3,00	5	15,00	5	15,00	1	3,00	2	6,00	5	15,00	5	15,00
· in der Dimensionenzahl	W	1,50	5	7,50	4	6,00	3	4,50	3	4,50	5	7,50	5	7,50
· hinsichtlich der Wahl der Ansicht/Perspektive	W	0,50	4	2,00	1	0,50	2	1,00	2	1,00	5	2,50	3	1,50
Bedienungskomfort	W	1,00	3	3,00	1	1,00	2	2,00	3	3,00	4	4,00	5	5,00
Flexibilität · bezüglich Körperteilmaßen von Individuen	W	3,90	4	15,60	3	11,7	2	7,80	2	7,80	5	19,50	4	15,60
· hinsichtlich der Einbeziehung besonderer Personengruppen	W	3,90	5	19,50	2	7,80	1	3,90	1	3,90	2	7,80	2	7,80
· bezüglich der Einsatzbereiche	W	5,20	4	20,80	3	15,60	1	5,20	2	10,40	4	20,80	4	20,80
Dokumentation	D	3,00	5	15,00	1	3,00	2	6,00	2	6,00	4	12,00	3	9,00
Ausbaufähigkeit	W	1,00	3	3,00	4	4,00	2	2,00	2	2,00	4	4,00	4	4,00
Fehlerquellen · auf der Anwenderseite	B	0,80	3	2,40	1	0,80	2	1,60	3	2,40	4	3,20	4	3,20
· im System	B	1,20	3	3,60	4	4,80	4	4,80	4	4,80	4	4,80	4	4,80
NUTZWERT		100,0		411,88		147,03		195,66		229,99		374,42		310,63
RANG				I		VI		V		IV		II		III
ANTEIL AM MAXIMALEN NUTZWERT				82,4%		29,4%		39,1%		46,0%		74,9%		62,1%

Bild A-5: Ergebnisse der Nutzwertanalyse für den Anwendungsfall 3

METHODEN DER ANTHROPOMETRISCHEN ARBEITSGESTALTUNG	Schlüssel	G	Video-Somatographie		Körpermaß-tabelle		Körperumriß-schablone		Kieler Puppe		Menschmodell FRANKY		Menschmodell OSCAR	
KRITERIUM			E	G·E	E	G·E	E	G·E	E	G·E	E	G·E	E	G·E
Zeitaufwand • für die Installation	Z2	0,35	1	0,35	5	1,75	5	1,75	5	1,75	2	0,70	3	1,05
• für die Einarbeitung	Z2	0,35	2	0,70	3	1,05	4	1,40	5	1,75	1	0,35	2	0,70
• für die Darstellung - unterschiedlicher Haltungen/Stellungen	Z1	0,84	5	4,20	1	0,84	2	1,68	3	2,52	4	3,36	3	2,52
- des Zusammenspieles der Gelenke	Z1	0,84	5	4,20	0	0	1	0,84	2	1,68	3	2,52	2	1,68
- von Details	Z1	0,56	5	2,80	1	0,56	2	1,12	3	1,68	4	2,24	3	1,68
- einer möglichen Abstützung des Körpers	Z1	0,22	4	0,88	0	0	1	0,22	1	0,22	3	0,66	2	0,44
- von Körperstabilität	Z1	0,45	5	2,25	0	0	1	0,45	1	0,45	3	1,35	2	0,90
- von Bewegungsabläufen	Z1	0,45	5	2,25	0	0	1	0,45	2	0,90	3	1,35	1	0,45
- von Bewegungsräumen	Z1	0,45	5	2,25	1	0,45	2	0,90	3	1,35	4	1,80	4	1,80
- der Einwirkung von Kräften und Momenten	Z1	0,45	4	1,80	0	0	0	0	0	0	3	1,35	2	0,90
- der relevanten techn. Arbeitssystemelemente	Z1	0,45	2	0,90	0	0	0	0	0	0	4	1,80	3	1,35
- von Änderungen an Arbeitssystemelementen	Z1	0,45	3	1,35	1	0,45	2	0,90	2	0,90	4	1,80	3	1,35
- von dynamischen Prozessen	Z1	0,45	1	0,45	0	0	0	0	0	0	3	1,35	2	0,90
• für Wartung und Instandhaltung	Z1	0,70	1	0,70	5	3,50	5	3,50	4	2,80	3	2,10	3	2,10
Voraussetzungen • hinsichtlich der Qualifikation des Anwenders	B	21,00	1	21,00	1	21,00	3	63,00	3	63,00	1	21,00	2	42,00
• bezüglich Kenntnissen über Hardware bzw. Software	B	14,00	2	28,00	4	56,00	4	56,00	4	56,00	2	28,00	3	42,00
Darstellbarkeit von Mensch und techn. Arbeitssystemelementen in einer Bearbeitungsebene	R	3,00	5	15,00	1	3,00	3	9,00	3	9,00	5	15,00	4	12,00
Unabhängige Bearbeitung der Darstellung von Mensch bzw. techn. Arbeitssystemelementen	R	3,00	5	15,00	1	3,00	2	6,00	2	6,00	4	12,00	3	9,00
Darstellbarkeit von Bewegung	R	5,00	5	25,00	0	0	1	5,00	2	10,00	4	20,00	3	15,00
Präzision • der Nachbildung des Körpers - in Haltung/Stellung	R	0,98	5	4,90	1	0,98	3	2,94	3	2,94	4	3,92	3	2,94
- bei den Gelenken	R	0,98	5	4,90	0	0	2	1,96	3	2,94	4	3,92	3	2,94
- in der Detailgenauigkeit	R	0,49	5	2,45	1	0,49	2	0,98	3	1,47	4	1,96	3	1,47
- bei einer Abstützung	R	0,49	4	1,96	0	0	1	0,49	1	0,49	3	1,47	3	1,47
- bezüglich Stabilität	R	0,49	5	2,45	0	0	1	0,49	1	0,49	3	1,47	3	1,47
- im Ablauf von Bewegungen	R	0,49	5	2,45	0	0	1	0,49	1	0,49	3	1,47	2	0,98
- hinsichtlich der Bewegungsräume	R	0,49	5	2,45	1	0,49	2	0,98	3	1,47	4	1,96	4	1,96
- bei Berücksichtigung v. Kräften u. Momenten	R	0,49	5	2,45	0	0	0	0	0	0	4	1,96	3	1,47
• der Darstellung - relevanter techn. Arbeitssystemelemente	R	1,05	4	4,20	0	0	0	0	0	0	5	5,25	3	3,15
- v. Änderungen an Arbeitssystemelementen	R	0,63	4	2,52	1	0,63	2	1,26	2	1,26	5	3,15	3	1,89
- dynamischer Prozesse	R	0,42	1	0,42	0	0	0	0	0	0	3	1,26	2	0,84
Variabilität • im Maßstab	W	6,00	5	30,00	5	30,00	1	6,00	2	12,00	5	30,00	5	30,00
• in der Dimensionenzahl	W	3,00	5	15,00	4	12,00	3	9,00	3	9,00	5	15,00	5	15,00
• hinsichtlich der Wahl der Ansicht/Perspektive	W	1,00	4	4,00	1	1,00	2	2,00	2	2,00	5	5,00	3	3,00
Bedienungskomfort	W	8,00	3	24,00	1	8,00	2	16,00	3	24,00	4	32,00	5	40,00
Flexibilität • bezüglich Körperteilmaßen von Individuen	W	2,70	4	10,80	3	8,10	2	5,40	2	5,40	5	13,50	4	10,80
• hinsichtlich der Einbeziehung besonderer Personengruppen	W	2,70	5	13,50	2	5,40	1	2,70	1	2,70	2	5,40	2	5,40
• bezüglich der Einsatzbereiche	W	3,60	4	14,40	3	10,80	1	3,60	2	7,20	4	14,40	4	14,40
Dokumentation	D	2,00	5	10,00	1	2,00	2	4,00	2	4,00	4	8,00	3	6,00
Ausbaufähigkeit	W	1,00	3	3,00	4	4,00	2	2,00	2	2,00	4	4,00	4	4,00
Fehlerquellen • auf der Anwenderseite	B	4,00	3	12,00	1	4,00	2	8,00	3	12,00	4	16,00	4	16,00
• im System	B	6,00	3	18,00	4	24,00	4	24,00	4	24,00	4	24,00	4	24,00
NUTZWERT		100,0		314,93		203,49		244,50		275,85		313,82		327,00
RANG				II		IV		V		IV		III		I
ANTEIL AM MAXIMALEN NUTZWERT				63,0%		40,7%		48,9%		55,2%		62,8%		65,4%

Bild A-6: Ergebnisse der Nutzwertanalyse für den Anwendungsfall 4

11.6 Beschreibung der Kostenarten und Multiplikatoren für den Methodenvergleich

$\underline{K_A}$: Abschreibungskosten in DM pro Jahr

$$K_A = \frac{\text{investiertes Kapital in DM}}{\text{Nutzungsdauer in a}}$$

Bei zu investierendem Kapital in konventionelle Gerätetechnik (über DM 800,-) werden nach Warnecke, Bullinger und Hichert /115/ in Anlehnung an Maschinen und Anlagen im Einschichtbetrieb Abschreibungszeiträume von 8 Jahren zugrunde gelegt. Investitionen in EDV-Anlagen werden laut einer Verfügung der Oberfinanzdirektion Frankfurt /126/ in 5 Jahren abgeschrieben. Für geringwertige Wirtschaftsgüter (GWG) unter DM 800,- erfolgt keine Abschreibung. Aus Gründen der Vereinheitlichung der Kostenberechnung werden für derartige Anschaffungen jedoch auch Quasi-Abschreibungskosten ausgewiesen. Der Abschreibungszeitraum beträgt dabei 1 Jahr. Abschreibungszeiträume und Nutzungszeiträume werden gleichgesetzt. Sofern Planungskosten entstehen, werden diese dem zu investierenden Kapital zugeschlagen.

$\underline{K_Z}$: Kalkulatorische Zinsen in DM pro Jahr

$$K_Z = \frac{\text{investiertes Kapital in DM}}{2} \times \frac{\text{Zinssatz}}{a}$$

Bei linearer Abschreibung sind im Mittel 50% des investierten Kapitals gebunden und bilden die Grundlage für die Berechnung von K_Z. Als Zinssatz werden 7,5% pro Jahr angesetzt.

$\underline{K_R}$: Raumkosten in DM pro Jahr

$$K_R = \text{Grundfläche in m}^2 \times \text{Mietzins pro Monat} \, \frac{\text{DM}}{\text{m}^2} \times 12 \, \frac{\text{Monate}}{a}$$

Nach Auskunft des Liegenschaftsamts Weinstadt wird ein mittlerer Mietzins von 12,5 DM/m^2 für Laborräume angesetzt (der hier angesetzte Mietzins kann regional stark differieren). Die Raumkosten sind nur dann zu berechnen, wenn die Unterbringung der gerätetechnischen Elemente einer Methode zusätzlichen Raumes bedarf.

K_I: Kosten für Instandhaltung und Wartung in DM pro Jahr

$$K_I = w_f \times K_A$$

$$w_f = \frac{\text{Instandhaltungskosten in DM}}{\text{investiertes Kapital in DM}}$$

Der Faktor w_f stellt die Relation dar aus für Wartung und Instandhaltung anfallenden Kosten über die gesamte Nutzungsdauer in Bezug zum investierten Kapital.

K_S: Schulungskosten in DM pro Jahr

$$K_S = \frac{\text{Ausbildungskosten in DM}}{\text{Nutzungsdauer in a}} \times \text{Anzahl der zu schulenden Personen}$$

Für die Anwendung technisch komplexer Methoden sind spezifische Unterweisungen erforderlich. Die in obiger Formel genannten Ausbildungskosten setzen sich aus der Lehrgangsgebühr und der für die Dauer der Ausbildungsmaßnahme anfallenden Lohnfortzahlung zusammen.

K_L: Lohn- und Gehaltskosten in DM pro Stunde

$$K_L = \frac{\text{gesamte Lohn-/Gehaltskosten für eine Methodenanwendung in DM}}{\text{Anwendungszeit einer Methode in h}}$$

Für die Berechnung der gesamten Lohn- und Gehaltskosten werden für einen Methodenanwender (Ingenieur) DM 125,- pro Stunde, für Unterstützungspersonal DM 75,- pro Stunde und Probanden DM 25,- pro Stunde angesetzt.

<u>K_E: Energiekosten in DM pro Stunde</u>

$$K_E = \quad \text{Strompreis in } \frac{DM}{kWh} \times \text{Leistungsaufnahme in kW}$$

Nach Auskunft der Neckarwerke Esslingen wird ein Strompreis von 0,25 DM/kWh zugrunde gelegt. Die Energiekosten werden ausschließlich für die Methoden errechnet, die einen nennenswerten Energieverbrauch ($> 1kWh$) verursachen.

<u>K_V: Variable Zusatzkosten pro Stunde</u>

$$K_V = \quad \frac{\text{Zusatzkosten in DM}}{h}$$

Bei der Anwendung von Methoden zur anthropometrischen Arbeitsgestaltung können weitere variable Kosten entstehen, wie z. B. Kosten für Rechnernutzung beim Menschmodell FRANKY. Da die Anwendung eines Rechnermodells die Investition eines eigenen CAD-Systems nicht rechtfertigt, werden die Rechnerkosten pro Stunde in Abhängigkeit der Nutzungszeit der Methode als Zusatzkosten belastet. Ausgehend von einer CAD-Rechnerinvestition von DM 300.000,- in Hard- und Software ergeben sich bei einer jährlichen Verfügbarkeit des Rechners von 1.725 Stunden (Einschichtbetrieb) ca. DM 50,- Zusatzkosten pro Stunde Rechnernutzung.

<u>Multiplikatoren:</u>

<u>X_k: Anzahl benötigter Methoden</u>
Aufgrund der Anwendungszeit (t_a) einer Methode und der Häufigkeit der Anwendung pro Jahr (x_a) kann die Kapazitätsgrenze einer Methode erreicht werden. Um dennoch die gewünschte Häufigkeit der Anwendungen im Jahr zu erreichen, ist eine weitere Methode einzusetzen. Dadurch entstehen bei Überschreiten der Kapazität einer Methode sprungfixe Kosten, die über X_k berücksichtigt werden.

<u>x_a: Häufigkeit der Anwendung einer Methode pro Jahr</u>
Für die Berechnung der Methodenkosten wurden beispielhaft die Anwendungshäufigkeiten 5, 30 und 100 vorgegeben.

t_a: Anwendungszeit einer Methode in Stunden

Die Anwendungszeit umfaßt die Einzsatzdauer einer Methode bis zur Erreichung des Gestaltungsergebnisses. Bei einer Wochenarbeitszeit von 37,5 Std. kann eine Methode nicht länger als 7,5 Std. pro Tag eingesetzt werden. Für das zugrundeliegende Berechnungsbeispiel wurde die Anwendungszeit für jede Methode ermittelt.

t_v: Verfügbarkeit einer Methode in Stunden pro Jahr

Für das Berechnungsbeispiel wurde davon ausgegangen, daß eine Methode an 230 Arbeitstagen im Jahr angewandt werden kann, bei einer Wochenarbeitszeit von 37,5 Std. Damit ergibt sich die Verfügbarkeit einer Methode mit $t_v = 1725$ Std. pro Jahr.

Gesonderte Kosten für Laboraufbauten bzw. Softwareinstallation sind nicht zu berücksichtigen, da diese in den Geräte-/Hardware- und Softwarekosten anteilig enthalten sind.

11.7 Aufstellung der Methodenkosten

11.7.1 Kosten der Video-Somatographie

Bei der Berechnung des zu investierenden Kapitals wurde nicht von der Einfachversion der Video-Somatographie in schwarz/weiß, sondern von der qualitativ hochwertigeren und flexibleren Farbausführung ausgegangen. Für die Grundausstattung (vgl. Bild A-7) sind DM 174.121,- zu investieren. Zusätzlich sind Planungskosten von DM 8.000,- zu berücksichtigen. Aufgrund der umfangreicheren Technik lassen sich gute Untersuchungsergebnisse nur von speziell geschultem Personal erzielen. Neben der Gebühr für einen einwöchigen Kurs von DM 5468,- pro Person entstehen Kosten für die Lohnfortzahlung des Methodenanwenders von DM 4.688,- und einer Unterstützungsperson von DM 2.813,-. Die für das Labor zusätzlich benötigte Grundfläche beläuft sich auf ca. 60 m^2 bei einer Mindestraumhöhe von 5 Metern. Der für die Berechnung der Instandhaltungskosten benötigte Faktor w_f wird mit 0,15 angesetzt.

Neben dem Methodenanwender werden während der halben Anwendungszeit der Video-Somatographie eine Unterstützungsperson und ein Proband benötigt. Die Funktion eines weiteren Probanden kann gegebenenfalls vom Methodenanwender bzw. der Unterstützungsperson übernommen werden.

Mit dieser Personalkapazität kann die gestellte Konstruktionsaufgabe innerhalb eines Arbeitstages abgewickelt werden. (t_a = 7,5 h). Die gesamte elektrische Leistungsaufnahme des Video-Somatographielabors bewegt sich in der Größe von 5 kW/h.

	Pos	Bezeichnung	Anz.	Preis in DM	Grundausstattung		Ausbaustufe 1		Ausbaustufe 2		Gesamt in DM
					Anz.	Preis in DM	Anz.	Preis in DM	Anz.	Preis in DM	
Zeichnungsaufnahmebereich ZAB	1	Zeichnungstafeln	3	644,-	1	644,-	1	644,-	1	644,-	1932,-
	2	Haftstreifenset	3	36,-	3	108,-					108,-
	3	Perzentilmaßstäbe	16	50,-	16	800,-					800,-
	4	HQI-Scheinwerfer	3	870,-	1	870,-	1	870,-	1	870,-	2610,-
	5	Alu-Rohrsystem	1	350,-	1	350,-					350,-
	6	Rohrklemmen	3	49,-	3	147,-					147,-
	7	S-W-Kamera ITC 510	3	2178,-	1	2178,-	1	2178,-	1	2178,-	6534,-
	8	Objektive Tarcus 10x16	3	5890,-	1	5890,-	1	5890,-	1	5890,-	17670,-
	9	Stative	3	3200,-	1	3200,-	1	3200,-	1	3200,-	9600,-
	10	Justiermotor	1	1688,-	1	1688,-					1688,-
		ZAB-Zwischensumme:				15875,-		12782,-		12782,-	41439,-
Probandenaufnahmebereich PAB	11	Blue-Box-Fläche	1	500,-	1	500,-					500,-
	12	Verstellbarer Tisch	1	945,-	1	945,-					945,-
	13	Verstellbarer Stuhl	1	254,-	1	254,-					254,-
	14	HQI-Scheinwerfer	12	870,-	12	10440,-					10440,-
	15	Alu-Rohrsystem	1	770,-	1	770,-					770,-
	16	Rohrklemmen	10	49,-	10	490,-					490,-
	17	Scheinwerferstative	2	270,-	2	540,-					540,-
	18	Farbkameras 350/730	3	24000,-	2	48000,-			1	24000,-	72000,-
	19	Objektive Canon l15x95	3	4800,-	2	9600,-			1	4800,-	14400,-
	20	Probandenmonitore	2	1660,-	2	3320,-					3320,-
	21	Stativ	2	2190,-	1	2190,-			1	2190,-	4380,-
	22	Kamerabefestigung/Geze	1	700,-	1	700,-					700,-
	23	Monitortische	2	750,-	2	1500,-					1500,-
	24	Monitorkabelführung	1	1450,-	1	1450,-					1450,-
	25	Monitorrahmen	2	496,-	2	992,-					992,-
		PAB-Zwischensumme:				81691,-				28800,-	110491,-
Regiebereich REB	26	Mischer	1	16500,-	1	16500,-					16500,-
	27	Regiemonitor	2	3340,-	1	3340,-	1	3340,-			6680,-
	28	Objektivsteuereinheit	1	2800,-	1	2800,-					2800,-
	29	Kamerasteuereinheit	1	600,-	1	600,-					600,-
	30	Video-Verteiler	1	1200,-	1	1200,-					1200,-
	31	Schriftgenerator	1	7100,-					1	7100,-	7100,-
	32	Video-Schnittplatz	1	32000,-			1	32000,-			32000,-
	33	Time-Base-Corrector	1	18165,-	1	18165,-					18165,-
	34	Hardcopygerät	1	28450,-	1	28450,-					28450,-
	35	Regiepult	1	5500,-	1	5500,-					5500,-
		REB-Zwischensumme				76555,-		35340,-		7100,-	118995,-
						174121,-		48122,-		48682,-	270925,-

Bild A-7: Aufstellung der Gerätekosten der Video-Somatographie

Damit ergeben sich die Kosten in nachfolgendem Umfang:

$$K_A = 22.765,13 \quad \text{DM/a}$$
$$K_Z = 6.529,54 \quad \text{DM/a}$$
$$K_R = 9.000,00 \quad \text{DM/a}$$
$$K_I = 3.264,77 \quad \text{DM/a}$$
$$K_S = 2.304,63 \quad \text{DM/a}$$
$$K_L = 175,00 \quad \text{DM/h}$$
$$K_E = 1,00 \quad \text{DM/h}$$
$$K_V = 0,00 \quad \text{DM/h}$$

11.7.2 Kosten der Körpermaßtabelle

Die für ein effektives Arbeiten mit der Körpermaßtabelle benötigten Unterlagen werden mit DM 150,- veranschlagt. Für die Schulung im Umgang mit der Körpermaßtabelle ist ein eintägiger Kursus zu DM 350,- empfehlenswert. Für die Ausführung der genannten Konstruktionsaufgabe durch einen Methodenanwender werden 5 Arbeitstage zugrunde gelegt ($t_a = 37,5$ h).

Damit ergeben sich folgende Einzelkosten:

$$K_A = 150,00 \quad \text{DM/a}$$
$$K_Z = 5,63 \quad \text{DM/a}$$
$$K_R = 0,00 \quad \text{DM/a}$$
$$K_I = 0,00 \quad \text{DM/a}$$
$$K_S = 160,94 \quad \text{DM/a}$$
$$K_L = 125,00 \quad \text{DM/h}$$
$$K_E = 0,00 \quad \text{DM/h}$$
$$K_V = 0,00 \quad \text{DM/h}$$

11.7.3 Kosten der Körperumrißschablone

Ein Satz Zeichenschablonen für die menschliche Gestalt im Maßstab 1:10 wird mit DM 165,- angesetzt. Der Satz umfaßt neben 4 Schablonen auch eine ausführliche Anwendungsbeschreibung. Dennoch ist eine eintägige Schulung empfehlenswert. Die Schulungskosten betragen DM 350,- für den Kursus zuzüglich DM 937,50 Lohnkosten. Für die Ausführung der gestellten Konstruktionsaufgabe benötigt ein Methodenanwender ca. 3,5 Arbeitstage ($t_a = 26{,}25$ h).

Damit ergeben sich folgende Einzelkosten:

$$
\begin{aligned}
K_A &= 165{,}00 \quad \text{DM/a} \\
K_Z &= 6{,}19 \quad \text{DM/a} \\
K_R &= 0{,}00 \quad \text{DM/a} \\
K_I &= 0{,}00 \quad \text{DM/a} \\
K_S &= 160{,}94 \quad \text{DM/a} \\
K_L &= 125{,}00 \quad \text{DM/h} \\
K_E &= 0{,}00 \quad \text{DM/h} \\
K_V &= 0{,}00 \quad \text{DM/h}
\end{aligned}
$$

11.7.4 Kosten der Kieler Puppe

Ein Satz der Kieler Puppe im Maßstab 1:5 - bestehend aus 6 Schablonen für Sitzarbeitsplätze sowie den Zusatzteilen für die Stehhaltung - wird mit DM 1101,- angesetzt. Die eintägige Schulung kostet DM 350,- zuzüglich DM 937,50 Lohnkosten. Die Bearbeitung der Konstruktionsaufgabe kann von einem Methodenanwender in ca. 3,25 Arbeitstagen durchgeführt werden ($t_a = 24{,}4$ h).

Für die genannten Kostengrößen ergeben sich damit folgende Zahlenwerte:

$$
\begin{aligned}
K_A &= 137{,}63 \quad \text{DM/a} \\
K_Z &= 41{,}29 \quad \text{DM/a} \\
K_R &= 0{,}00 \quad \text{DM/a} \\
K_I &= 0{,}00 \quad \text{DM/a} \\
K_S &= 160{,}94 \quad \text{DM/a} \\
K_L &= 125{,}00 \quad \text{DM/h} \\
K_E &= 0{,}00 \quad \text{DM/h} \\
K_V &= 0{,}00 \quad \text{DM/h}
\end{aligned}
$$

11.7.5 Kosten des Menschmodells FRANKY

Die Software für das Menschmodell FRANKY (ohne Anpassung nur in Verbindung
mit der 3D-Software ROMULUS einsetzbar) ist für DM 100.000,- erhältlich. Hinzu
kommen die Kosten für erweiterte Plattenkapazität bzw. Workstations in Höhe von
DM 60.000,-. Die zusätzliche Vernetzung (ETHERNET) erhöht die Kosten nochmals um DM 10.000,-. Die Kosten der Rechnernutzung werden über K_V berechnet.
Die einwöchige Schulung eines ungeübten Anwenders erfordert ca. DM 2.000,- sowie die Lohnfortzahlung in Höhe von DM 4.687,50. Ein erfahrener Methodenanwender benötigt für die Konstruktionsaufgabe ca. einen Arbeitstag ($t_a = 7,5$ h). Um
einen reibungslosen Arbeitsablauf mit Soft- und Hardware zu garantieren, sollte
der Instandhaltungsaufwand mit einem Wert von $w_f = 0,2$ angesetzt werden. Der
Abschreibungszeitraum beträgt 5 Jahre.

Damit ergeben sich folgende Kosten:

$$
\begin{aligned}
K_A &= 34.000,00 \quad \text{DM/a} \\
K_Z &= 6.375,00 \quad \text{DM/a} \\
K_R &= 0,00 \quad \text{DM/a} \\
K_I &= 6.800,00 \quad \text{DM/a} \\
K_S &= 1.337,50 \quad \text{DM/a} \\
K_L &= 125,00 \quad \text{DM/h} \\
K_E &= 0,00 \quad \text{DM/h} \\
K_V &= 50,00 \quad \text{DM/h}
\end{aligned}
$$

11.7.6 Kosten des Menschmodells OSCAR

Das Menschmodell OSCAR kann auf PCs betrieben werden, die mit einer Haupt-
speicherkapazität von unter 4 Mbyte und einem Festplattenspeicher von 150 Mbyte
lauffähig sind. Der Anschaffungspreis eines solchen PC's wird mit DM 10.000,- veranschlagt; die benötigte Ausgabeeinheit (z. B. eine Vernetzung mit vorhandener
Peripherie) mit DM 5000,-. Die Software OSCAR muß mit ca. DM 50.000,- berücksichtigt werden.

Eine dreitägige Schulung für den ungeübten Anwender beläuft sich auf ca. DM
1000-, die damit verbundene Lohnfortzahlung auf DM 2.812,-.

Der Abschreibungszeitraum beträgt 5 Jahre.

Die gewählte Konstruktionsaufgabe kann von einem im Umgang mit OSCAR geübten Methodenanwender in 1,5 Tagen ausgeführt werden ($t_a = 11{,}25$ h). Für die Instandhaltung der Anlage wird $w_f = 0{,}2$ angesetzt.

Damit errechnen sich folgende Einzelkosten:

$$
\begin{aligned}
K_A &= 13.000{,}00 \quad \text{DM/a} \\
K_Z &= 2.437{,}50 \quad \text{DM/a} \\
K_R &= 0{,}00 \quad \text{DM/a} \\
K_I &= 2.600{,}00 \quad \text{DM/a} \\
K_S &= 762{,}40 \quad \text{DM/a} \\
K_L &= 125{,}00 \quad \text{DM/h} \\
K_E &= 0{,}00 \quad \text{DM/h} \\
K_V &= 0{,}00 \quad \text{DM/h}
\end{aligned}
$$

11.8   Methodenwerte der Anwendungsfälle 2 bis 4

In Bild A-8 sind die Methodenwerte der Anwendungsfälle 2 bis 4 unter Berücksichtigung der festgelegten Anwendungshäufigkeiten pro Jahr dargestellt.

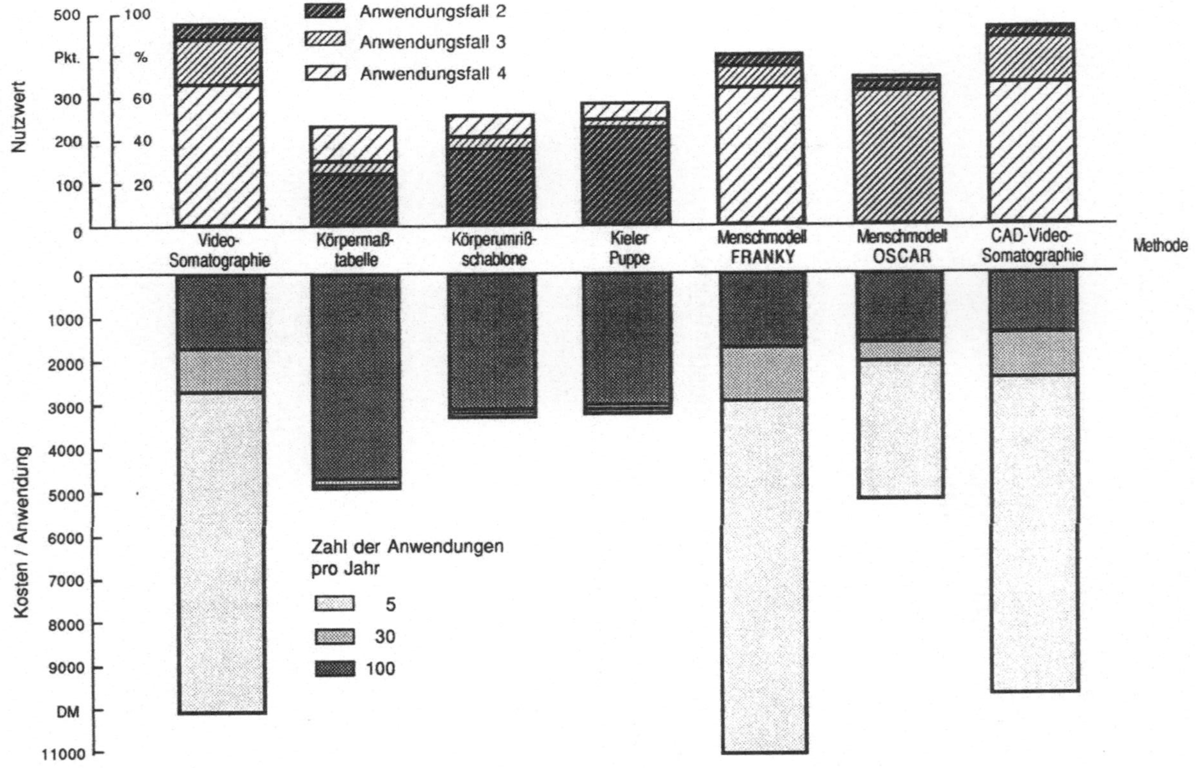

Bild A-8: Methodenwerte der Anwendungsfälle 2 bis 4 bei unterschiedlichen Anwendungshäufigkeiten

11.9   **Testbilder zur Ermittlung des Systemfehlers**

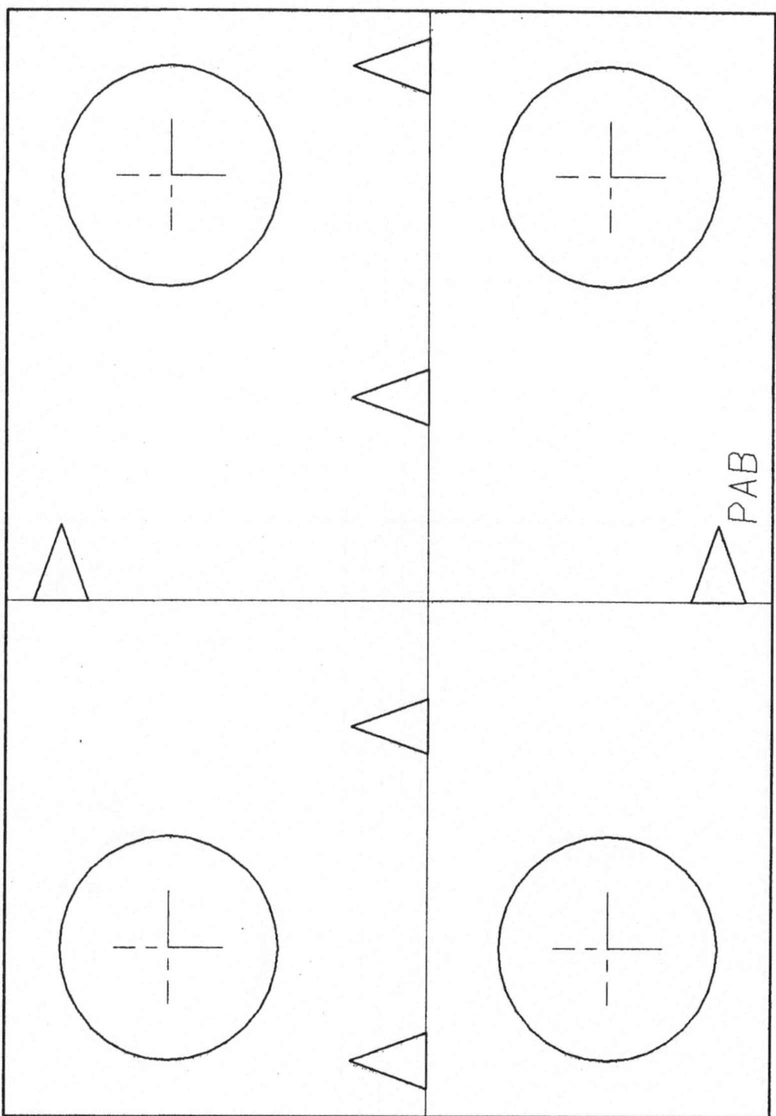

Bild A-9: Testbild für den PAB

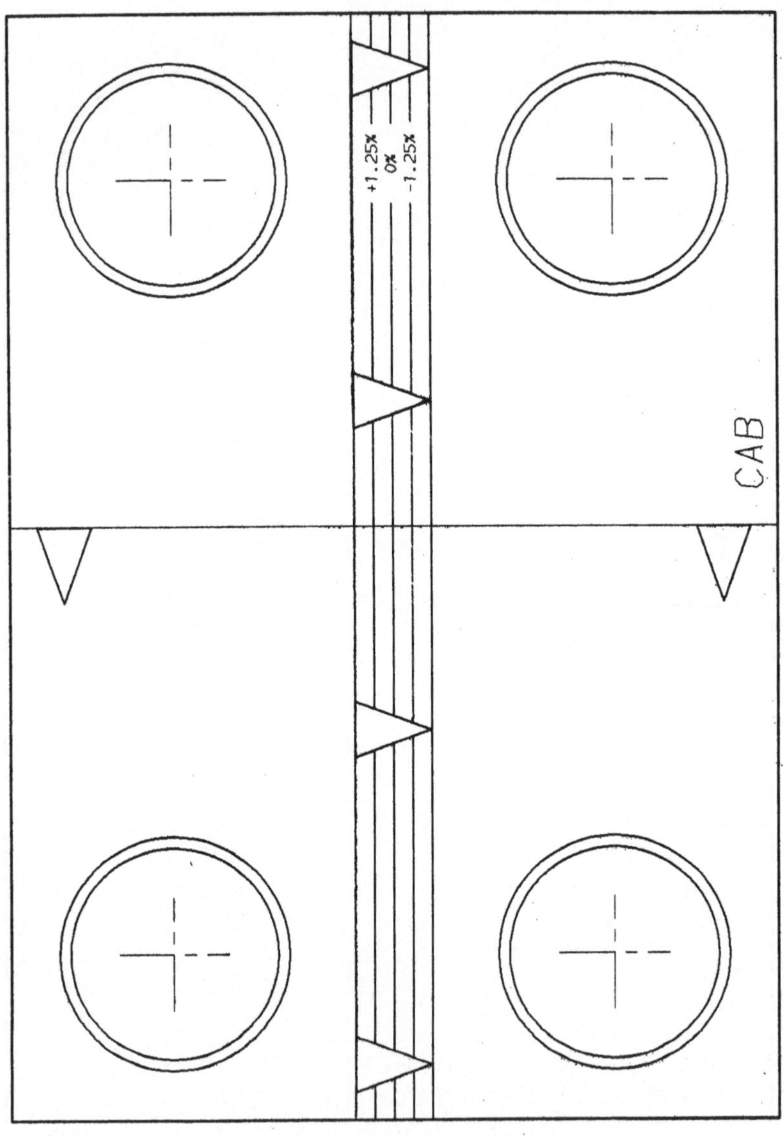

Bild A-10: Testbild für den CAB

11.10 Ansichten des im CADVSL analysierten Ist-Zustandes und des gestalteten Neu-Zustandes eines Entgratarbeitsplatzes

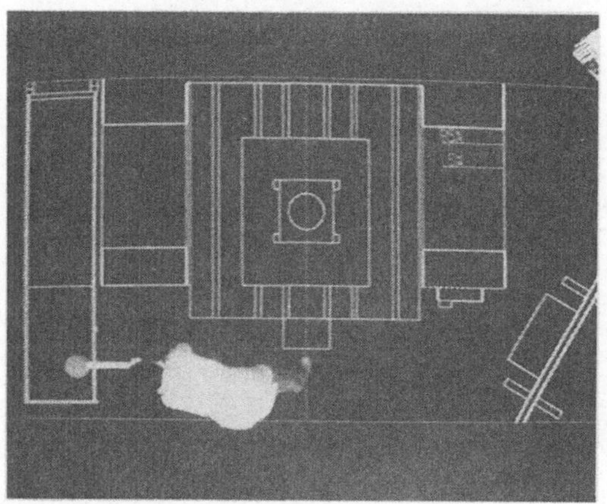

Bild A-11: Draufsicht "Werkstück greifen" im Ist-Zustand 5. Perzentil männlich
(Photographie vom Monitor)

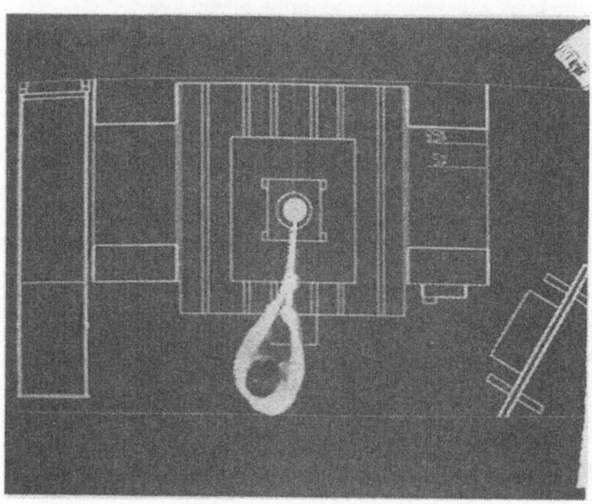

Bild A-12: Draufsicht "Werkstück einlegen" im Ist-Zustand 5. Perzentil männlich
(Photographie vom Monitor)

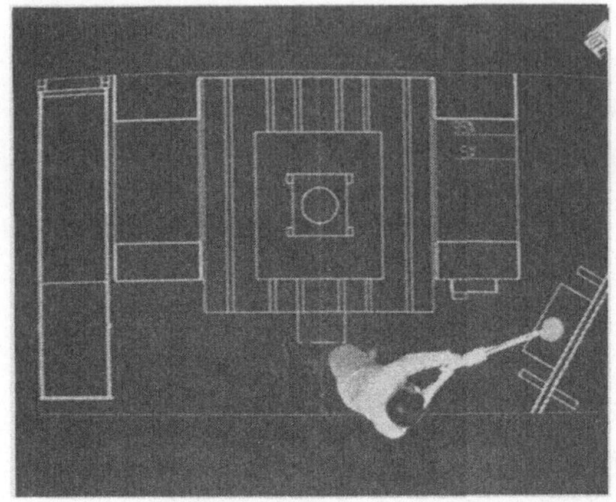

Bild A-13: Draufsicht "Werkstück abwerfen" im Ist-Zustand/5. Perzentil männlich
(Photographie vom Monitor)

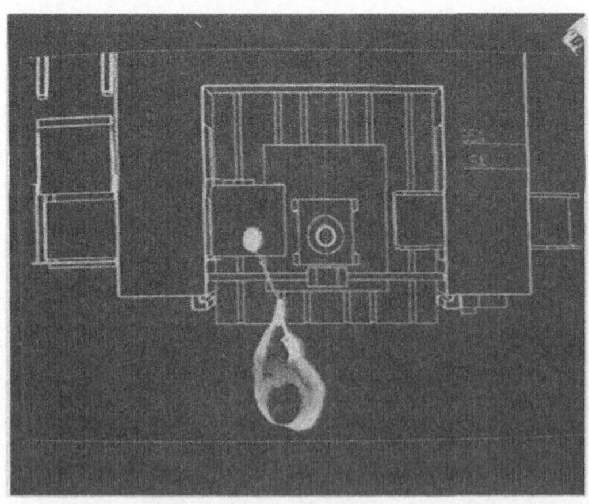

Bild A-14: Draufsicht "Werkstück greifen" im Neu-Zustand"/5. Perzentil männlich
(Photographie vom Monitor)

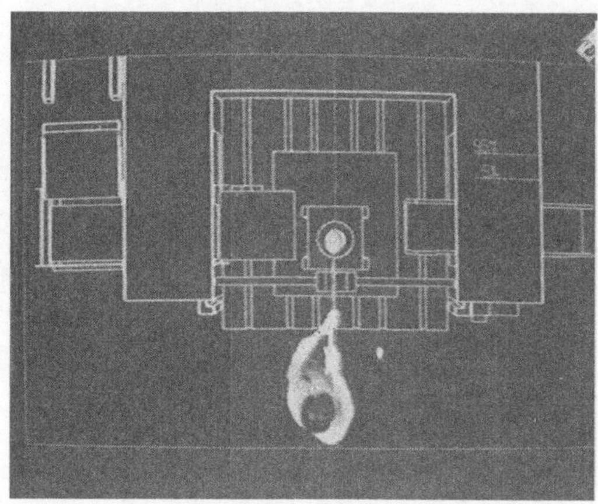

Bild A-15: Draufsicht "Werkstück einlegen" im Neu-Zustand 5. Perzentil männlich (Photographie vom Monitor)

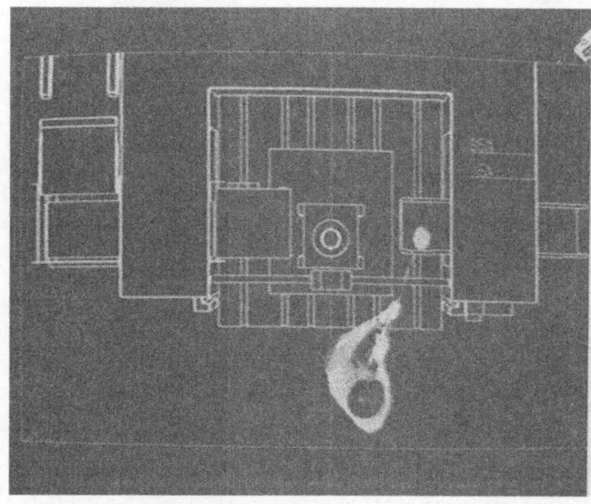

Bild A-16: Draufsicht "Werkstück ablegen" im Neu-Zustand 5. Perzentil männlich (Photographie vom Monitor)

11.11   Beispielhafte Installation eines CADVSL

P A B

R E B

C A B

Bild A-17: Laborbereiche des am IAO installierten CADVSL

11.12   <u>Variation der sprungfixen und variablen Kosten</u>

In den Bildern A-18 bis A-20 sind die Änderungen der sprungfixen Kosten in 5 %-Schritten von 0 - 25 % als Kostensteigerungen und Kostenreduzierungen dargestellt. Die Kostenwerte sind dabei für die exemplarisch ausgewählten Anwendungshäufigkeiten $x_a = 5, 30$ und 100 dargestellt.

In den Bildern A-21 bis A-23 sind die Änderungen der variablen Kosten in gleicher Weise dargestellt.

Kostenänderung	Video-Somatographie	Körpermaß-tabelle	Körperumriß-schablone	Kieler Puppe	Menschmodell FRANKY	Menschmodell OSCAR	CAD-Video-Somatographie
sprungfixe Kosten pro Jahr							
Anzahl benötigter Methoden pro Jahr	*1*	*1*	*1*	*1*	*1*	*1*	*1*
Kostenänderung -25%	32.898,05 DM	237,43 DM	249,10 DM	254,90 DM	36.384,38 DM	14.099,93 DM	32.900,08 DM
Kostenänderung -20%	35.091,26 DM	253,26 DM	265,70 DM	271,89 DM	38.810,00 DM	15.039,92 DM	35.093,42 DM
Kostenänderung -15%	37.284,46 DM	269,08 DM	282,31 DM	288,88 DM	41.235,63 DM	15.979,92 DM	37.286,75 DM
Kostenänderung -10%	39.477,66 DM	284,91 DM	298,92 DM	305,87 DM	43.661,25 DM	16.919,91 DM	39.480,09 DM
Kostenänderung - 5%	41.670,87 DM	300,74 DM	315,52 DM	322,87 DM	46.086,88 DM	17.859,91 DM	41.673,43 DM
Kostenänderung 0%	43.864,07 DM	316,57 DM	332,13 DM	339,86 DM	48.512,50 DM	18.799,90 DM	43.866,77 DM
Kostenänderung 5%	46.057,27 DM	332,40 DM	348,74 DM	356,85 DM	50.938,13 DM	19.739,90 DM	46.060,11 DM
Kostenänderung 10%	48.250,48 DM	348,23 DM	365,34 DM	373,85 DM	53.363,75 DM	20.679,89 DM	48.253,45 DM
Kostenänderung 15%	50.443,68 DM	364,06 DM	381,95 DM	390,84 DM	55.789,38 DM	21.619,89 DM	50.446,79 DM
Kostenänderung 20%	52.636,88 DM	379,88 DM	398,56 DM	407,83 DM	58.215,00 DM	22.559,88 DM	52.640,12 DM
Kostenänderung 25%	54.830,09 DM	395,71 DM	415,16 DM	424,83 DM	60.640,63 DM	23.499,88 DM	54.833,46 DM
variable Kosten pro Jahr							
Anwendungshäufigkeit pro Jahr	*5*	*5*	*5*	*5*	*5*	*5*	*5*
Anwendungszeit in Std. pro Anwendung	*7,50*	*37,50*	*26,25*	*24,40*	*7,50*	*11,25*	*6,00*
Kosten	6.600,00 DM	23.437,50 DM	16.406,25 DM	15.250,00 DM	6.562,50 DM	7.031,25 DM	5.030,10 DM
Gesamtkosten pro Jahr							
Kostenänderung -25%	39.498,05 DM	23.674,93 DM	16.655,35 DM	15.504,90 DM	42.946,88 DM	21.131,18 DM	37.930,18 DM
Kostenänderung -20%	41.691,26 DM	23.690,76 DM	16.671,95 DM	15.521,89 DM	45.372,50 DM	22.071,17 DM	40.123,52 DM
Kostenänderung -15%	43.884,46 DM	23.706,58 DM	16.688,56 DM	15.538,88 DM	47.798,13 DM	23.011,17 DM	42.316,85 DM
Kostenänderung -10%	46.077,66 DM	23.722,41 DM	16.705,17 DM	15.555,87 DM	50.223,75 DM	23.951,16 DM	44.510,19 DM
Kostenänderung - 5%	48.270,87 DM	23.738,24 DM	16.721,77 DM	15.572,87 DM	52.649,38 DM	24.891,16 DM	46.703,53 DM
Kostenänderung 0%	50.464,07 DM	23.754,07 DM	16.738,38 DM	15.589,86 DM	55.075,00 DM	25.831,15 DM	48.896,87 DM
Kostenänderung 5%	52.657,27 DM	23.769,90 DM	16.754,99 DM	15.606,85 DM	57.500,63 DM	26.771,15 DM	51.090,21 DM
Kostenänderung 10%	54.850,48 DM	23.785,73 DM	16.771,59 DM	15.623,85 DM	59.926,25 DM	27.711,14 DM	53.283,55 DM
Kostenänderung 15%	57.043,68 DM	23.801,56 DM	16.788,20 DM	15.640,84 DM	62.351,88 DM	28.651,14 DM	55.476,89 DM
Kostenänderung 20%	59.236,88 DM	23.817,38 DM	16.804,81 DM	15.657,83 DM	64.777,50 DM	29.591,13 DM	57.670,22 DM
Kostenänderung 25%	61.430,09 DM	23.833,21 DM	16.821,41 DM	15.674,83 DM	67.203,13 DM	30.531,13 DM	59.863,56 DM
Kosten pro Anwendung							
Kostenänderung -25%	7.899,61 DM	4.734,99 DM	3.331,07 DM	3.100,98 DM	8.589,38 DM	4.226,24 DM	7.586,04 DM
Kostenänderung -20%	8.338,25 DM	4.738,15 DM	3.334,39 DM	3.104,38 DM	9.074,50 DM	4.414,23 DM	8.024,70 DM
Kostenänderung -15%	8.776,89 DM	4.741,32 DM	3.337,71 DM	3.107,78 DM	9.559,63 DM	4.602,23 DM	8.463,37 DM
Kostenänderung -10%	9.215,53 DM	4.744,48 DM	3.341,03 DM	3.111,17 DM	10.044,75 DM	4.790,23 DM	8.902,04 DM
Kostenänderung - 5%	9.654,17 DM	4.747,65 DM	3.344,35 DM	3.114,57 DM	10.529,88 DM	4.978,23 DM	9.340,71 DM
Kostenänderung 0%	10.092,81 DM	4.750,81 DM	3.347,68 DM	3.117,97 DM	11.015,00 DM	5.166,23 DM	9.779,37 DM
Kostenänderung 5%	10.531,45 DM	4.753,98 DM	3.351,00 DM	3.121,37 DM	11.500,13 DM	5.354,23 DM	10.218,04 DM
Kostenänderung 10%	10.970,10 DM	4.757,15 DM	3.354,32 DM	3.124,77 DM	11.985,25 DM	5.542,23 DM	10.656,71 DM
Kostenänderung 15%	11.408,74 DM	4.760,31 DM	3.357,64 DM	3.128,17 DM	12.470,38 DM	5.730,23 DM	11.095,38 DM
Kostenänderung 20%	11.847,38 DM	4.763,48 DM	3.360,96 DM	3.131,57 DM	12.955,50 DM	5.918,23 DM	11.534,04 DM
Kostenänderung 25%	12.286,02 DM	4.766,64 DM	3.364,28 DM	3.134,97 DM	13.440,63 DM	6.106,23 DM	11.972,71 DM

Bild A-18: Variation der sprungfixen Kosten für $x_a = 5$

Kostenänderung	Video-Somatographie	Körpermaß-tabelle	Körperumriß-schablone	Kieler Puppe	Menschmodell FRANKY	Menschmodell OSCAR	CAD-Video-Somatographie
sprungfixe Kosten pro Jahr							
Anzahl benötigter Methoden pro Jahr	*1*	*1*	*1*	*1*	*1*	*1*	*1*
Kostenänderung -25%	32.898,05 DM	237,43 DM	249,10 DM	254,90 DM	36.384,38 DM	14.099,93 DM	32.900,08 DM
Kostenänderung -20%	35.091,26 DM	253,26 DM	265,70 DM	271,89 DM	38.810,00 DM	15.039,92 DM	35.093,42 DM
Kostenänderung -15%	37.284,46 DM	269,08 DM	282,31 DM	288,88 DM	41.235,63 DM	15.979,92 DM	37.286,75 DM
Kostenänderung -10%	39.477,66 DM	284,91 DM	298,92 DM	305,87 DM	43.661,25 DM	16.919,91 DM	39.480,09 DM
Kostenänderung - 5%	41.670,87 DM	300,74 DM	315,52 DM	322,87 DM	46.086,88 DM	17.859,91 DM	41.673,43 DM
Kostenänderung 0%	43.864,07 DM	316,57 DM	332,13 DM	339,86 DM	48.512,50 DM	18.799,90 DM	43.866,77 DM
Kostenänderung 5%	46.057,27 DM	332,40 DM	348,74 DM	356,85 DM	50.938,13 DM	19.739,90 DM	46.060,11 DM
Kostenänderung 10%	48.250,48 DM	348,23 DM	365,34 DM	373,85 DM	53.363,75 DM	20.679,89 DM	48.253,45 DM
Kostenänderung 15%	50.443,68 DM	364,06 DM	381,95 DM	390,84 DM	55.789,38 DM	21.619,89 DM	50.446,79 DM
Kostenänderung 20%	52.636,88 DM	379,88 DM	398,56 DM	407,83 DM	58.215,00 DM	22.559,88 DM	52.640,12 DM
Kostenänderung 25%	54.830,09 DM	395,71 DM	415,16 DM	424,83 DM	60.640,63 DM	23.499,88 DM	54.833,46 DM
variable Kosten pro Jahr							
Anwendungshäufigkeit pro Jahr	*30*	*30*	*30*	*30*	*30*	*30*	*30*
Anwendungszeit in Std. pro Anwendung	*7,50*	*37,50*	*26,25*	*24,40*	*7,50*	*11,25*	*6,00*
Kosten	39.600,00 DM	140.625,00 DM	98.437,50 DM	91.500,00 DM	39.375,00 DM	42.187,50 DM	30.180,60 DM
Gesamtkosten pro Jahr							
Kostenänderung -25%	72.498,05 DM	140.862,43 DM	98.686,60 DM	91.754,90 DM	75.759,38 DM	56.287,43 DM	63.080,68 DM
Kostenänderung -20%	74.691,26 DM	140.878,26 DM	98.703,20 DM	91.771,89 DM	78.185,00 DM	57.227,42 DM	65.274,02 DM
Kostenänderung -15%	76.884,46 DM	140.894,08 DM	98.719,81 DM	91.788,88 DM	80.610,63 DM	58.167,42 DM	67.467,35 DM
Kostenänderung -10%	79.077,66 DM	140.909,91 DM	98.736,42 DM	91.805,87 DM	83.036,25 DM	59.107,41 DM	69.660,69 DM
Kostenänderung - 5%	81.270,87 DM	140.925,74 DM	98.753,02 DM	91.822,87 DM	85.461,88 DM	60.047,41 DM	71.854,03 DM
Kostenänderung 0%	83.464,07 DM	140.941,57 DM	98.769,63 DM	91.839,86 DM	87.887,50 DM	60.987,40 DM	74.047,37 DM
Kostenänderung 5%	85.657,27 DM	140.957,40 DM	98.786,24 DM	91.856,85 DM	90.313,13 DM	61.927,40 DM	76.240,71 DM
Kostenänderung 10%	87.850,48 DM	140.973,23 DM	98.802,84 DM	91.873,85 DM	92.738,75 DM	62.867,39 DM	78.434,05 DM
Kostenänderung 15%	90.043,68 DM	140.989,06 DM	98.819,45 DM	91.890,84 DM	95.164,38 DM	63.807,39 DM	80.627,39 DM
Kostenänderung 20%	92.236,88 DM	141.004,88 DM	98.836,06 DM	91.907,83 DM	97.590,00 DM	64.747,38 DM	82.820,72 DM
Kostenänderung 25%	94.430,09 DM	141.020,71 DM	98.852,66 DM	91.924,83 DM	100.015,63 DM	65.687,38 DM	85.014,06 DM
Kosten pro Anwendung							
Kostenänderung -25%	2.416,60 DM	4.695,41 DM	3.289,55 DM	3.058,50 DM	2.525,31 DM	1.876,25 DM	2.102,69 DM
Kostenänderung -20%	2.489,71 DM	4.695,94 DM	3.290,11 DM	3.059,06 DM	2.606,17 DM	1.907,58 DM	2.175,80 DM
Kostenänderung -15%	2.562,82 DM	4.696,47 DM	3.290,66 DM	3.059,63 DM	2.687,02 DM	1.938,91 DM	2.248,91 DM
Kostenänderung -10%	2.635,92 DM	4.697,00 DM	3.291,21 DM	3.060,20 DM	2.767,88 DM	1.970,25 DM	2.322,02 DM
Kostenänderung - 5%	2.709,03 DM	4.697,52 DM	3.291,77 DM	3.060,76 DM	2.848,73 DM	2.001,58 DM	2.395,13 DM
Kostenänderung 0%	2.782,14 DM	4.698,05 DM	3.292,32 DM	3.061,33 DM	2.929,58 DM	2.032,91 DM	2.468,25 DM
Kostenänderung 5%	2.855,24 DM	4.698,58 DM	3.292,87 DM	3.061,90 DM	3.010,44 DM	2.064,25 DM	2.541,36 DM
Kostenänderung 10%	2.928,35 DM	4.699,11 DM	3.293,43 DM	3.062,46 DM	3.091,29 DM	2.095,58 DM	2.614,47 DM
Kostenänderung 15%	3.001,46 DM	4.699,64 DM	3.293,98 DM	3.063,03 DM	3.172,15 DM	2.126,91 DM	2.687,58 DM
Kostenänderung 20%	3.074,56 DM	4.700,16 DM	3.294,54 DM	3.063,59 DM	3.253,00 DM	2.158,25 DM	2.760,69 DM
Kostenänderung 25%	3.147,67 DM	4.700,69 DM	3.295,09 DM	3.064,16 DM	3.333,85 DM	2.189,58 DM	2.833,80 DM

Bild A-19: Variation der sprungfixen Kosten für $x_a = 30$

Kostenänderung	Video-Somatographie	Körpermaß-tabelle	Körperumriß-schablone	Kieler Puppe	Menschmodell FRANKY	Menschmodell OSCAR	CAD-Video-Somatographie
sprungfixe Kosten pro Jahr							
Anzahl benötigter Methoden pro Jahr	*1*	*3*	*2*	*2*	*1*	*1*	*1*
Kostenänderung -25%	32.898,05 DM	712,28 DM	498,20 DM	509,79 DM	36.384,38 DM	14.099,93 DM	32.900,08 DM
Kostenänderung -20%	35.091,26 DM	759,77 DM	531,41 DM	543,78 DM	38.810,00 DM	15.039,92 DM	35.093,42 DM
Kostenänderung -15%	37.284,46 DM	807,25 DM	564,62 DM	577,76 DM	41.235,63 DM	15.979,92 DM	37.286,75 DM
Kostenänderung -10%	39.477,66 DM	854,74 DM	597,83 DM	611,75 DM	43.661,25 DM	16.919,91 DM	39.480,09 DM
Kostenänderung - 5%	41.670,87 DM	902,22 DM	631,05 DM	645,73 DM	46.086,88 DM	17.859,91 DM	41.673,43 DM
Kostenänderung 0%	43.864,07 DM	949,71 DM	664,26 DM	679,72 DM	48.512,50 DM	18.799,90 DM	43.866,77 DM
Kostenänderung 5%	46.057,27 DM	997,20 DM	697,47 DM	713,71 DM	50.938,13 DM	19.739,90 DM	46.060,11 DM
Kostenänderung 10%	48.250,48 DM	1.044,68 DM	730,69 DM	747,69 DM	53.363,75 DM	20.679,89 DM	48.253,45 DM
Kostenänderung 15%	50.443,68 DM	1.092,17 DM	763,90 DM	781,68 DM	55.789,38 DM	21.619,89 DM	50.446,79 DM
Kostenänderung 20%	52.636,88 DM	1.139,65 DM	797,11 DM	815,66 DM	58.215,00 DM	22.559,88 DM	52.640,12 DM
Kostenänderung 25%	54.830,09 DM	1.187,14 DM	830,33 DM	849,65 DM	60.640,63 DM	23.499,88 DM	54.833,46 DM
variable Kosten pro Jahr							
Anwendungshäufigkeit pro Jahr	*100*	*100*	*100*	*100*	*100*	*100*	*100*
Anwendungszeit in Std. pro Anwendung	*7,50*	*37,50*	*26,25*	*24,40*	*7,50*	*11,25*	*6,00*
Kosten	132.000,00 DM	468.750,00 DM	328.125,00 DM	305.000,00 DM	131.250,00 DM	140.625,00 DM	100.602,00 DM
Gesamtkosten pro Jahr							
Kostenänderung -25%	164.898,05 DM	469.462,28 DM	328.623,20 DM	305.509,79 DM	167.634,38 DM	154.724,93 DM	133.502,08 DM
Kostenänderung -20%	167.091,26 DM	469.509,77 DM	328.656,41 DM	305.543,78 DM	170.060,00 DM	155.664,92 DM	135.695,42 DM
Kostenänderung -15%	169.284,46 DM	469.557,25 DM	328.689,62 DM	305.577,76 DM	172.485,63 DM	156.604,92 DM	137.888,75 DM
Kostenänderung -10%	171.477,66 DM	469.604,74 DM	328.722,83 DM	305.611,75 DM	174.911,25 DM	157.544,91 DM	140.082,09 DM
Kostenänderung - 5%	173.670,87 DM	469.652,22 DM	328.756,05 DM	305.645,73 DM	177.336,88 DM	158.484,91 DM	142.275,43 DM
Kostenänderung 0%	175.864,07 DM	469.699,71 DM	328.789,26 DM	305.679,72 DM	179.762,50 DM	159.424,90 DM	144.468,77 DM
Kostenänderung 5%	178.057,27 DM	469.747,20 DM	328.822,47 DM	305.713,71 DM	182.188,13 DM	160.364,90 DM	146.662,11 DM
Kostenänderung 10%	180.250,48 DM	469.794,68 DM	328.855,69 DM	305.747,69 DM	184.613,75 DM	161.304,89 DM	148.855,45 DM
Kostenänderung 15%	182.443,68 DM	469.842,17 DM	328.888,90 DM	305.781,68 DM	187.039,38 DM	162.244,89 DM	151.048,79 DM
Kostenänderung 20%	184.636,88 DM	469.889,65 DM	328.922,11 DM	305.815,66 DM	189.465,00 DM	163.184,88 DM	153.242,12 DM
Kostenänderung 25%	186.830,09 DM	469.937,14 DM	328.955,33 DM	305.849,65 DM	191.890,63 DM	164.124,88 DM	155.435,46 DM
Kosten pro Anwendung							
Kostenänderung -25%	1.648,98 DM	4.694,62 DM	3.286,23 DM	3.055,10 DM	1.676,34 DM	1.547,25 DM	1.335,02 DM
Kostenänderung -20%	1.670,91 DM	4.695,10 DM	3.286,56 DM	3.055,44 DM	1.700,60 DM	1.556,65 DM	1.356,95 DM
Kostenänderung -15%	1.692,84 DM	4.695,57 DM	3.286,90 DM	3.055,78 DM	1.724,86 DM	1.566,05 DM	1.378,89 DM
Kostenänderung -10%	1.714,78 DM	4.696,05 DM	3.287,23 DM	3.056,12 DM	1.749,11 DM	1.575,45 DM	1.400,82 DM
Kostenänderung - 5%	1.736,71 DM	4.696,52 DM	3.287,56 DM	3.056,46 DM	1.773,37 DM	1.584,85 DM	1.422,75 DM
Kostenänderung 0%	1.758,64 DM	4.697,00 DM	3.287,89 DM	3.056,80 DM	1.797,63 DM	1.594,25 DM	1.444,69 DM
Kostenänderung 5%	1.780,57 DM	4.697,47 DM	3.288,22 DM	3.057,14 DM	1.821,88 DM	1.603,65 DM	1.466,62 DM
Kostenänderung 10%	1.802,50 DM	4.697,95 DM	3.288,56 DM	3.057,48 DM	1.846,14 DM	1.613,05 DM	1.488,55 DM
Kostenänderung 15%	1.824,44 DM	4.698,42 DM	3.288,89 DM	3.057,82 DM	1.870,39 DM	1.622,45 DM	1.510,49 DM
Kostenänderung 20%	1.846,37 DM	4.698,90 DM	3.289,22 DM	3.058,16 DM	1.894,65 DM	1.631,85 DM	1.532,42 DM
Kostenänderung 25%	1.868,30 DM	4.699,37 DM	3.289,55 DM	3.058,50 DM	1.918,91 DM	1.641,25 DM	1.554,35 DM

Bild A-20: Variation der sprungfixen Kosten für $x_a = 100$

Kostenänderung	Video-Somatographie	Körpermaß-tabelle	Körperumriß-schablone	Kieler Puppe	Menschmodell FRANKY	Menschmodell OSCAR	CAD-Video-Somatographie
sprungfixe Kosten pro Jahr							
Anzahl benötigter Methoden pro Jahr	1	1	1	1	1	1	1
Kosten	43.864,07 DM	316,57 DM	332,13 DM	339,86 DM	48.512,50 DM	18.799,90 DM	43.866,77 DM
variable Kosten pro Jahr							
Anwendungshäufigkeit pro Jahr	5	5	5	5	5	5	5
Anwendungszeit in Std. pro Anwendung	7,50	37,50	26,25	24,40	7,50	11,25	6,00
Kostenänderung -25%	4.950,00 DM	17.578,13 DM	12.304,69 DM	11.437,50 DM	4.921,88 DM	5.273,44 DM	3.772,58 DM
Kostenänderung -20%	5.280,00 DM	18.750,00 DM	13.125,00 DM	12.200,00 DM	5.250,00 DM	5.625,00 DM	4.024,08 DM
Kostenänderung -15%	5.610,00 DM	19.921,88 DM	13.945,31 DM	12.962,50 DM	5.578,13 DM	5.976,56 DM	4.275,59 DM
Kostenänderung -10%	5.940,00 DM	21.093,75 DM	14.765,63 DM	13.725,00 DM	5.906,25 DM	6.328,13 DM	4.527,09 DM
Kostenänderung - 5%	6.270,00 DM	22.265,63 DM	15.585,94 DM	14.487,50 DM	6.234,38 DM	6.679,69 DM	4.778,60 DM
Kostenänderung 0%	6.600,00 DM	23.437,50 DM	16.406,25 DM	15.250,00 DM	6.562,50 DM	7.031,25 DM	5.030,10 DM
Kostenänderung 5%	6.930,00 DM	24.609,38 DM	17.226,56 DM	16.012,50 DM	6.890,63 DM	7.382,81 DM	5.281,61 DM
Kostenänderung 10%	7.260,00 DM	25.781,25 DM	18.046,88 DM	16.775,00 DM	7.218,75 DM	7.734,38 DM	5.533,11 DM
Kostenänderung 15%	7.590,00 DM	26.953,13 DM	18.867,19 DM	17.537,50 DM	7.546,88 DM	8.085,94 DM	5.784,62 DM
Kostenänderung 20%	7.920,00 DM	28.125,00 DM	19.687,50 DM	18.300,00 DM	7.875,00 DM	8.437,50 DM	6.036,12 DM
Kostenänderung 25%	8.250,00 DM	29.296,88 DM	20.507,81 DM	19.062,50 DM	8.203,13 DM	8.789,06 DM	6.287,63 DM
Gesamtkosten pro Jahr							
Kostenänderung -25%	48.814,07 DM	17.894,70 DM	12.636,82 DM	11.777,36 DM	53.434,38 DM	24.073,34 DM	47.639,35 DM
Kostenänderung -20%	49.144,07 DM	19.066,57 DM	13.457,13 DM	12.539,86 DM	53.762,50 DM	24.424,90 DM	47.890,85 DM
Kostenänderung -15%	49.474,07 DM	20.238,45 DM	14.277,44 DM	13.302,36 DM	54.090,63 DM	24.776,46 DM	48.142,36 DM
Kostenänderung -10%	49.804,07 DM	21.410,32 DM	15.097,76 DM	14.064,86 DM	54.418,75 DM	25.128,03 DM	48.393,86 DM
Kostenänderung - 5%	50.134,07 DM	22.582,20 DM	15.918,07 DM	14.827,36 DM	54.746,88 DM	25.479,59 DM	48.645,37 DM
Kostenänderung 0%	50.464,07 DM	23.754,07 DM	16.738,38 DM	15.589,86 DM	55.075,00 DM	25.831,15 DM	48.896,87 DM
Kostenänderung 5%	50.794,07 DM	24.925,95 DM	17.558,69 DM	16.352,36 DM	55.403,13 DM	26.182,71 DM	49.148,38 DM
Kostenänderung 10%	51.124,07 DM	26.097,82 DM	18.379,01 DM	17.114,86 DM	55.731,25 DM	26.534,28 DM	49.399,88 DM
Kostenänderung 15%	51.454,07 DM	27.269,70 DM	19.199,32 DM	17.877,36 DM	56.059,38 DM	26.885,84 DM	49.651,39 DM
Kostenänderung 20%	51.784,07 DM	28.441,57 DM	20.019,63 DM	18.639,86 DM	56.387,50 DM	27.237,40 DM	49.902,89 DM
Kostenänderung 25%	52.114,07 DM	29.613,45 DM	20.839,94 DM	19.402,36 DM	56.715,63 DM	27.588,96 DM	50.154,40 DM
Kosten pro Anwendung							
Kostenänderung -25%	9.762,81 DM	3.578,94 DM	2.527,36 DM	2.355,47 DM	10.686,88 DM	4.814,67 DM	9.527,87 DM
Kostenänderung -20%	9.828,81 DM	3.813,31 DM	2.691,43 DM	2.507,97 DM	10.752,50 DM	4.884,98 DM	9.578,17 DM
Kostenänderung -15%	9.894,81 DM	4.047,69 DM	2.855,49 DM	2.660,47 DM	10.818,13 DM	4.955,29 DM	9.628,47 DM
Kostenänderung -10%	9.960,81 DM	4.282,06 DM	3.019,55 DM	2.812,97 DM	10.883,75 DM	5.025,61 DM	9.678,77 DM
Kostenänderung - 5%	10.026,81 DM	4.516,44 DM	3.183,61 DM	2.965,47 DM	10.949,38 DM	5.095,92 DM	9.729,07 DM
Kostenänderung 0%	10.092,81 DM	4.750,81 DM	3.347,68 DM	3.117,97 DM	11.015,00 DM	5.166,23 DM	9.779,37 DM
Kostenänderung 5%	10.158,81 DM	4.985,19 DM	3.511,74 DM	3.270,47 DM	11.080,63 DM	5.236,54 DM	9.829,68 DM
Kostenänderung 10%	10.224,81 DM	5.219,56 DM	3.675,80 DM	3.422,97 DM	11.146,25 DM	5.306,86 DM	9.879,98 DM
Kostenänderung 15%	10.290,81 DM	5.453,94 DM	3.839,86 DM	3.575,47 DM	11.211,88 DM	5.377,17 DM	9.930,28 DM
Kostenänderung 20%	10.356,81 DM	5.688,31 DM	4.003,93 DM	3.727,97 DM	11.277,50 DM	5.447,48 DM	9.980,58 DM
Kostenänderung 25%	10.422,81 DM	5.922,69 DM	4.167,99 DM	3.880,47 DM	11.343,13 DM	5.517,79 DM	10.030,88 DM

Bild A-21: Variation der variablen Kosten für $x_a = 5$

Kostenänderung	Video-Somatographie	Körpermaß-tabelle	Körperumriß-schablone	Kieler Puppe	Menschmodell FRANKY	Menschmodell OSCAR	CAD-Video-Somatographie
sprungfixe Kosten pro Jahr							
Anzahl benötigter Methoden pro Jahr	*1*	*1*	*1*	*1*	*1*	*1*	*1*
Kosten	43.864,07 DM	316,57 DM	332,13 DM	339,86 DM	48.512,50 DM	18.799,90 DM	43.866,77 DM
variable Kosten pro Jahr							
Anwendungshäufigkeit pro Jahr	*30*	*30*	*30*	*30*	*30*	*30*	*30*
Anwendungszeit in Std. pro Anwendung	*7,50*	*37,50*	*26,25*	*24,40*	*7,50*	*11,25*	*6,00*
Kostenänderung -25%	29.700,00 DM	105.468,75 DM	73.828,13 DM	68.625,00 DM	29.531,25 DM	31.640,63 DM	22.635,45 DM
Kostenänderung -20%	31.680,00 DM	112.500,00 DM	78.750,00 DM	73.200,00 DM	31.500,00 DM	33.750,00 DM	24.144,48 DM
Kostenänderung -15%	33.660,00 DM	119.531,25 DM	83.671,88 DM	77.775,00 DM	33.468,75 DM	35.859,38 DM	25.653,51 DM
Kostenänderung -10%	35.640,00 DM	126.562,50 DM	88.593,75 DM	82.350,00 DM	35.437,50 DM	37.968,75 DM	27.162,54 DM
Kostenänderung - 5%	37.620,00 DM	133.593,75 DM	93.515,63 DM	86.925,00 DM	37.406,25 DM	40.078,13 DM	28.671,57 DM
Kostenänderung 0%	39.600,00 DM	140.625,00 DM	98.437,50 DM	91.500,00 DM	39.375,00 DM	42.187,50 DM	30.180,60 DM
Kostenänderung 5%	41.580,00 DM	147.656,25 DM	103.359,38 DM	96.075,00 DM	41.343,75 DM	44.296,88 DM	31.689,63 DM
Kostenänderung 10%	43.560,00 DM	154.687,50 DM	108.281,25 DM	100.650,00 DM	43.312,50 DM	46.406,25 DM	33.198,66 DM
Kostenänderung 15%	45.540,00 DM	161.718,75 DM	113.203,13 DM	105.225,00 DM	45.281,25 DM	48.515,63 DM	34.707,69 DM
Kostenänderung 20%	47.520,00 DM	168.750,00 DM	118.125,00 DM	109.800,00 DM	47.250,00 DM	50.625,00 DM	36.216,72 DM
Kostenänderung 25%	49.500,00 DM	175.781,25 DM	123.046,88 DM	114.375,00 DM	49.218,75 DM	52.734,38 DM	37.725,75 DM
Gesamtkosten pro Jahr							
Kostenänderung -25%	73.564,07 DM	105.785,32 DM	74.160,26 DM	68.964,86 DM	78.043,75 DM	50.440,53 DM	66.502,22 DM
Kostenänderung -20%	75.544,07 DM	112.816,57 DM	79.082,13 DM	73.539,86 DM	80.012,50 DM	52.549,90 DM	68.011,25 DM
Kostenänderung -15%	77.524,07 DM	119.847,82 DM	84.004,01 DM	78.114,86 DM	81.981,25 DM	54.659,28 DM	69.520,28 DM
Kostenänderung -10%	79.504,07 DM	126.879,07 DM	88.925,88 DM	82.689,86 DM	83.950,00 DM	56.768,65 DM	71.029,31 DM
Kostenänderung - 5%	81.484,07 DM	133.910,32 DM	93.847,76 DM	87.264,86 DM	85.918,75 DM	58.878,03 DM	72.538,34 DM
Kostenänderung 0%	83.464,07 DM	140.941,57 DM	98.769,63 DM	91.839,86 DM	87.887,50 DM	60.987,40 DM	74.047,37 DM
Kostenänderung 5%	85.444,07 DM	147.972,82 DM	103.691,51 DM	96.414,86 DM	89.856,25 DM	63.096,78 DM	75.556,40 DM
Kostenänderung 10%	87.424,07 DM	155.004,07 DM	108.613,38 DM	100.989,86 DM	91.825,00 DM	65.206,15 DM	77.065,43 DM
Kostenänderung 15%	89.404,07 DM	162.035,32 DM	113.535,26 DM	105.564,86 DM	93.793,75 DM	67.315,53 DM	78.574,46 DM
Kostenänderung 20%	91.384,07 DM	169.066,57 DM	118.457,13 DM	110.139,86 DM	95.762,50 DM	69.424,90 DM	80.083,49 DM
Kostenänderung 25%	93.364,07 DM	176.097,82 DM	123.379,01 DM	114.714,86 DM	97.731,25 DM	71.534,28 DM	81.592,52 DM
Kosten pro Anwendung							
Kostenänderung -25%	2.452,14 DM	3.526,18 DM	2.472,01 DM	2.298,83 DM	2.601,46 DM	1.681,35 DM	2.216,74 DM
Kostenänderung -20%	2.518,14 DM	3.760,55 DM	2.636,07 DM	2.451,33 DM	2.667,08 DM	1.751,66 DM	2.267,04 DM
Kostenänderung -15%	2.584,14 DM	3.994,93 DM	2.800,13 DM	2.603,83 DM	2.732,71 DM	1.821,98 DM	2.317,34 DM
Kostenänderung -10%	2.650,14 DM	4.229,30 DM	2.964,20 DM	2.756,33 DM	2.798,33 DM	1.892,29 DM	2.367,64 DM
Kostenänderung - 5%	2.716,14 DM	4.463,68 DM	3.128,26 DM	2.908,83 DM	2.863,96 DM	1.962,60 DM	2.417,94 DM
Kostenänderung 0%	2.782,14 DM	4.698,05 DM	3.292,32 DM	3.061,33 DM	2.929,58 DM	2.032,91 DM	2.468,25 DM
Kostenänderung 5%	2.848,14 DM	4.932,43 DM	3.456,38 DM	3.213,83 DM	2.995,21 DM	2.103,23 DM	2.518,55 DM
Kostenänderung 10%	2.914,14 DM	5.166,80 DM	3.620,45 DM	3.366,33 DM	3.060,83 DM	2.173,54 DM	2.568,85 DM
Kostenänderung 15%	2.980,14 DM	5.401,18 DM	3.784,51 DM	3.518,83 DM	3.126,46 DM	2.243,85 DM	2.619,15 DM
Kostenänderung 20%	3.046,14 DM	5.635,55 DM	3.948,57 DM	3.671,33 DM	3.192,08 DM	2.314,16 DM	2.669,45 DM
Kostenänderung 25%	3.112,14 DM	5.869,93 DM	4.112,63 DM	3.823,83 DM	3.257,71 DM	2.384,48 DM	2.719,75 DM

Bild A-22: Variation der variablen Kosten für $x_a = 30$

Kostenänderung	Video-Somatographie	Körpermaß-tabelle	Körperumriß-schablone	Kieler Puppe	Menschmodell FRANKY	Menschmodell OSCAR	CAD-Video-Somatographie
sprungfixe Kosten pro Jahr							
Anzahl benötigter Methoden pro Jahr	*1*	*3*	*2*	*2*	*1*	*1*	*1*
Kosten	43.864,07 DM	949,71 DM	664,26 DM	679,72 DM	48.512,50 DM	18.799,90 DM	43.866,77 DM
variable Kosten pro Jahr							
Anwendungshäufigkeit pro Jahr	*100*	*100*	*100*	*100*	*100*	*100*	*100*
Anwendungszeit in Std. pro Anwendung	*7,50*	*37,50*	*26,25*	*24,40*	*7,50*	*11,25*	*6,00*
Kostenänderung -25%	99.000,00 DM	351.562,50 DM	246.093,75 DM	228.750,00 DM	98.437,50 DM	105.468,75 DM	75.451,50 DM
Kostenänderung -20%	105.600,00 DM	375.000,00 DM	262.500,00 DM	244.000,00 DM	105.000,00 DM	112.500,00 DM	80.481,60 DM
Kostenänderung -15%	112.200,00 DM	398.437,50 DM	278.906,25 DM	259.250,00 DM	111.562,50 DM	119.531,25 DM	85.511,70 DM
Kostenänderung -10%	118.800,00 DM	421.875,00 DM	295.312,50 DM	274.500,00 DM	118.125,00 DM	126.562,50 DM	90.541,80 DM
Kostenänderung - 5%	125.400,00 DM	445.312,50 DM	311.718,75 DM	289.750,00 DM	124.687,50 DM	133.593,75 DM	95.571,90 DM
Kostenänderung 0%	132.000,00 DM	468.750,00 DM	328.125,00 DM	305.000,00 DM	131.250,00 DM	140.625,00 DM	100.602,00 DM
Kostenänderung 5%	138.600,00 DM	492.187,50 DM	344.531,25 DM	320.250,00 DM	137.812,50 DM	147.656,25 DM	105.632,10 DM
Kostenänderung 10%	145.200,00 DM	515.625,00 DM	360.937,50 DM	335.500,00 DM	144.375,00 DM	154.687,50 DM	110.662,20 DM
Kostenänderung 15%	151.800,00 DM	539.062,50 DM	377.343,75 DM	350.750,00 DM	150.937,50 DM	161.718,75 DM	115.692,30 DM
Kostenänderung 20%	158.400,00 DM	562.500,00 DM	393.750,00 DM	366.000,00 DM	157.500,00 DM	168.750,00 DM	120.722,40 DM
Kostenänderung 25%	165.000,00 DM	585.937,50 DM	410.156,25 DM	381.250,00 DM	164.062,50 DM	175.781,25 DM	125.752,50 DM
Gesamtkosten pro Jahr							
Kostenänderung -25%	142.864,07 DM	352.512,21 DM	246.758,01 DM	229.429,72 DM	146.950,00 DM	124.268,65 DM	119.318,27 DM
Kostenänderung -20%	149.464,07 DM	375.949,71 DM	263.164,26 DM	244.679,72 DM	153.512,50 DM	131.299,90 DM	124.348,37 DM
Kostenänderung -15%	156.064,07 DM	399.387,21 DM	279.570,51 DM	259.929,72 DM	160.075,00 DM	138.331,15 DM	129.378,47 DM
Kostenänderung -10%	162.664,07 DM	422.824,71 DM	295.976,76 DM	275.179,72 DM	166.637,50 DM	145.362,40 DM	134.408,57 DM
Kostenänderung - 5%	169.264,07 DM	446.262,21 DM	312.383,01 DM	290.429,72 DM	173.200,00 DM	152.393,65 DM	139.438,67 DM
Kostenänderung 0%	175.864,07 DM	469.699,71 DM	328.789,26 DM	305.679,72 DM	179.762,50 DM	159.424,90 DM	144.468,77 DM
Kostenänderung 5%	182.464,07 DM	493.137,21 DM	345.195,51 DM	320.929,72 DM	186.325,00 DM	166.456,15 DM	149.498,87 DM
Kostenänderung 10%	189.064,07 DM	516.574,71 DM	361.601,76 DM	336.179,72 DM	192.887,50 DM	173.487,40 DM	154.528,97 DM
Kostenänderung 15%	195.664,07 DM	540.012,21 DM	378.008,01 DM	351.429,72 DM	199.450,00 DM	180.518,65 DM	159.559,07 DM
Kostenänderung 20%	202.264,07 DM	563.449,71 DM	394.414,26 DM	366.679,72 DM	206.012,50 DM	187.549,90 DM	164.589,17 DM
Kostenänderung 25%	208.864,07 DM	586.887,21 DM	410.820,51 DM	381.929,72 DM	212.575,00 DM	194.581,15 DM	169.619,27 DM
Kosten pro Anwendung							
Kostenänderung -25%	1.428,64 DM	3.525,12 DM	2.467,58 DM	2.294,30 DM	1.469,50 DM	1.242,69 DM	1.193,18 DM
Kostenänderung -20%	1.494,64 DM	3.759,50 DM	2.631,64 DM	2.446,80 DM	1.535,13 DM	1.313,00 DM	1.243,48 DM
Kostenänderung -15%	1.560,64 DM	3.993,87 DM	2.795,71 DM	2.599,30 DM	1.600,75 DM	1.383,31 DM	1.293,78 DM
Kostenänderung -10%	1.626,64 DM	4.228,25 DM	2.959,77 DM	2.751,80 DM	1.666,38 DM	1.453,62 DM	1.344,09 DM
Kostenänderung - 5%	1.692,64 DM	4.462,62 DM	3.123,83 DM	2.904,30 DM	1.732,00 DM	1.523,94 DM	1.394,39 DM
Kostenänderung 0%	1.758,64 DM	4.697,00 DM	3.287,89 DM	3.056,80 DM	1.797,63 DM	1.594,25 DM	1.444,69 DM
Kostenänderung 5%	1.824,64 DM	4.931,37 DM	3.451,96 DM	3.209,30 DM	1.863,25 DM	1.664,56 DM	1.494,99 DM
Kostenänderung 10%	1.890,64 DM	5.165,75 DM	3.616,02 DM	3.361,80 DM	1.928,88 DM	1.734,87 DM	1.545,29 DM
Kostenänderung 15%	1.956,64 DM	5.400,12 DM	3.780,08 DM	3.514,30 DM	1.994,50 DM	1.805,19 DM	1.595,59 DM
Kostenänderung 20%	2.022,64 DM	5.634,50 DM	3.944,14 DM	3.666,80 DM	2.060,13 DM	1.875,50 DM	1.645,89 DM
Kostenänderung 25%	2.088,64 DM	5.868,87 DM	4.108,21 DM	3.819,30 DM	2.125,75 DM	1.945,81 DM	1.696,19 DM

Bild A-23: Variation der variablen Kosten für $x_a = 100$

IPA Forschung und Praxis

Schriftenreihe aus dem Institut für Produktionstechnik und Automatisierung, Stuttgart

Herausgeber: Prof. Dr.-Ing. H. J. Warnecke

Datenerfassung im Produktionsbereich
Von E. Bendeich. ISBN 3-7830-0117-8.
1977, 176 Seiten, kartoniert. 54,— DM

Methodenauswahl für die Materialbewirtschaftung in Maschinenbau-Betrieben
Von H. Graf. ISBN 3-7830-0136-6.
1977, 144 Seiten, kartoniert. 54,— DM

Systematische Auswahl von Förderhilfsmitteln für den innerbetrieblichen Materialfluß
Von W. Rau. ISBN 3-7830-0139-0.
1977, 103 Seiten, kartoniert. 40,— DM

Grundlagen zur Planung von Ersatzteilfertigungen
Von E. Schulz. ISBN 3-7830-0138-2.
1977, 98 Seiten, kartoniert. 40,— DM

Rechnerunterstützte Fabrikplanung
Von B. Minten. ISBN 3-7830-0116-1.
1977, 124 Seiten, kartoniert. 38,— DM

Eine Planungsmethode für automatische Montagesysteme
Von H.-G. Löhr. ISBN 3-7830-0120-X.
1977, 108 Seiten, kartoniert. 32,— DM

Planung und Bewertung von Arbeitssystemen in der Montage
Von H. Metzger. ISBN 3-7830-0131-5.
1977, 108 Seiten, kartoniert. 40,— DM

Klassifizierungssystem für Prüfmittel der industriellen Längenprüftechnik
Von R. Czetto. ISBN 3-7830-0144-7.
1978, 181 Seiten, kartoniert. 64,— DM

Rechnerunterstützte Montageplanung
Von O. Hirschbach. ISBN 3-7830-0149-8.
1978, 146 Seiten, kartoniert. 52,— DM

Rechnerunterstützte Entwicklung von Simulationsmodellen für Unternehmensplanspiele
Von A. Moker. ISBN 3-7830-0147-1.
1978, 181 Seiten, kartoniert. 64,— DM

Arbeitsplatzanalysen zur Ermittlung der Einsatzmöglichkeiten und Anforderungen an Industrieroboter
Von G. Herrmann. ISBN 37830-0151-X.
1978, 113 Seiten, kartoniert. 40,— DM

MFSP — Ein Verfahren zur Simulation komplexer Materialflußsysteme
Von G. Stemmer. ISBN 3-7830-0118-8.
1977, 140 Seiten, kartoniert. 60,— DM

Berührungslose Erkennung durch Positionsbestimmung von Objekten durch inkohärent-optische Korrelation
Von M. König. ISBN 3-7830-0137-4.
1977, 110 Seiten, kartoniert. 40,— DM

Auslegung von Störungspuffern in kapitalintensiven Fertigungslinien
Von R. v. Stetten. ISBN 3-7830-0140-4.
1977, 154 Seiten, kartoniert. 56,— DM

Flexible Transportablaufsteuerung
Von G. Römer. ISBN 3-7830-0114-5.
1977, 188 Seiten, kartoniert. 60,— DM

Rechnergestützte Realplanung von Fabrikanlagen
Von T.-K. Sauter. ISBN 3-7830-0119-6.
1977, 108 Seiten, kartoniert. 32,— DM

Systematisches Auswählen und Konzipieren von programmierbaren Handhabungsgeräten
Von R. D. Schraft. ISBN 3-7830-0115-3.
1977, 108 Seiten, kartoniert. 32,— DM

Auslandsproduktion
Von W. Cypris. ISBN 3-7830-0145-5.
1978, 126 Seiten, kartoniert. 42,— DM

Wirtschaftlicher Einsatz von Mehrkoordinatenmeßgeräten
Von M. Dietzsch. ISBN 3-7830-0148-X.
1978, 142 Seiten, kartoniert. 52,— DM

Fertigungssteuerung bei flexiblen Arbeitsstrukturen
Von K.-G. Lederer. ISBN 3-7830-0146-3.
1978, 128 Seiten, kartoniert. 42,— DM

Untersuchungen zum Polieren und Entgraten durch elektrochemisches Oberflächenabtragen
Von K. Zerweck. ISBN 3-7830-0150-1.
1978, 110 Seiten, kartoniert. 40,— DM

Stufenweise Ableitung eines praktischen Planungssystems für den Entwicklungsbereich
Von R. Hichert. ISBN 3-7830-0149-8.
1978, 151 Seiten, kartoniert.   52,— DM

Produktionsplanung mit Auftragsfamilien
Von U. W. Geitner. ISBN 3-7830-0161.7.
1979, 110 Seiten, kartoniert.   45,— DM

Thermisch-chemisches Entgraten
Von T. Wagner. ISBN 3-7830-0164-1.
1979, 111 Seiten, kartoniert.   45,— DM

Untersuchung der Materialflußkosten bei ausgewählten Systemen der Zentralen Arbeitsverteilung
Von R. Wenzel. ISBN 3-7830-0162-5.
1979, 168 Seiten, kartoniert.   86,— DM

Anpassung und Einführung eines Planungssystems für die Ablaufplanung im Konstruktionsbereich
Von W. Dangelmaier. ISBN 3-7830-0163-3.
1979, 168 Seiten, kartoniert.   80,— DM

Längenmessungen an bewegten Teilen mit berührungslos wirkenden Aufnehmern
Von H. Lang. ISBN 3-7830-0157-9.
1979, 89 Seiten, kartoniert.   42,— DM

Untersuchung multistabiler Strömungselemente und ihr Einsatz in sequentiellen Steuerungen
Von A. Ernst. ISBN 3-7830-0157-9.
1979, 122 Seiten, kartoniert.   48,— DM

Taktile Sensoren für programmierbare Handhabungsgeräte
Von M. Schweizer. ISBN 3-7830-0158-7.
1979, 91 Seiten, kartoniert.   42,— DM

Die rechnerunterstützte Prüfplanung
Von P. Bläsing. ISBN 3-7830-0152-8.
1979, 100 Seiten, kartoniert.   44,— DM

Verfahren zur Fabrikplanung im Mensch-Rechner-Dialog am Bildschirm
Von W. Ernst. ISBN 3-7830-0156-0.
1979, 218 Seiten, kartoniert.   72,— DM

Rechnerunterstütztes Verfahren zur Leistungsabstimmung von Mehrmodell-Montagesystemen
Von M. Görke. ISBN 3-7830-0155-2.
1979, 139 Seiten, kartoniert.   50,— DM

Standortbezogene Betriebsmittel
Von G. Pflieger. ISBN 3-7830-0167-6.
1979, 127 Seiten, kartoniert.   52,— DM

Die betriebswirtschaftliche Beurteilung neuer Arbeitsformen
Von B.-H. Zippe. ISBN 3-7830-0168-4.
1979, 350 Seiten, kartoniert.   98,— DM

Untersuchung des Arbeitsverhaltens programmierbarer Handhabungsgeräte
Von B. Brodbeck. ISBN 3-7830-0169-2.
1979, 117 Seiten, kartoniert.   48,— DM

Untersuchung eines kohärent-optischen Verfahrens zur Rauheitsmessung
Von N. Rau. ISBN 3-7830-0174-9.
1979, 117 Seiten, kartoniert.   48,— DM

Entwicklung einer programmierbaren, pneumatischen Steuerung
Von D. Klemenz. ISBN 3-7830-0171-4.
1979, 93 Seiten, kartoniert.   42,— DM

IPA Forschung und Praxis

Berichte aus dem Fraunhofer-Institut für Produktionstechnik und Automatisierung, Stuttgart, und dem Institut für Industrielle Fertigung und Fabrikbetrieb der Universität Stuttgart

Herausgeber: Prof. Dr.-Ing. H. J. Warnecke

38 **Arbeitsgangterminierung mit variabel strukturierten Arbeitsplänen — Ein Beitrag zur Fertigungssteuerung flexibler Fertigungssysteme**
Von U. Maier. ISBN 3-540-10213-2.
1980, 111 Seiten mit 45 Abbildungen. 43.— DM

39 **Kapazitätsabgleich bei flexiblen Fertigungssystemen**
Von P. S. Nieß. ISBN 3-540-10372-4.
1980, 151 Seiten mit 57 Abbildungen. 48.— DM

40 **Schichtdickenverteilung auf galvanisierten Paßteilen am Beispiel kleiner abgesetzter Wellen und Bohrungen**
Von D. Wolfhard. ISBN 3-540-10373-2.
1980, 177 Seiten mit 83 Abbildungen. 48.— DM

41 **Planung von Mehrstellenarbeit unter Berücksichtigung von Umfeldaufgaben**
Von S. Häußermann. ISBN 3-540-10374-0.
1980, 136 Seiten mit 59 Abbildungen. 48.— DM

42 **Untersuchungen zur Schmierfilmdicke in Druckluftzylindern — Beurteilung der Abstreifwirkung und des Reibungsverhaltens von Pneumatikdichtungen mit Hilfe eines neu entwickelten Schmierfilmdickenmeßverfahrens**
Von R. Köhnlechner. ISBN 3-540-10375-9.
1980, 100 Seiten mit 38 Abbildungen und 4 Tabellen. 43.— DM

43 **Typologie zum überbetrieblichen Vergleich von Fertigungssteuerungsverfahren im Maschinenbau**
Von G. Rabus. ISBN 3-540-10376-7.
1980, 174 Seiten mit 88 Abbildungen und 21 Tafeln. 48.— DM

44 **System zur Planung des Umlaufbestandes in Betrieben mit Serienfertigung**
Von K.-G. Wilhelm. ISBN 3-540-10377-5.
1980, 142 Seiten mit 67 Abbildungen und 15 Tafeln. 48.— DM

45 **Rechnerunterstützte Arbeitsplanerstellung mit Kleinrechnern, dargestellt am Beispiel der Blechbearbeitung**
Von W. Hoheisel. ISBN 3-540-10505-0.
1981, 169 Seiten mit 74 Abbildungen. 48.— DM

46 **Beitrag zur Verbesserung der Wirtschaftlichkeit EDV-unterstützter Fertigungssteuerungssysteme durch Schwachstellenanalyse**
Von J. Lienert. ISBN 3-540-10506-9.
1981, 148 Seiten mit 37 Abbildungen. 48.— DM

47 **Die Abscheidung von Öl an Entlüftungsöffnungen drucklufttechnischer Anlagen**
Von W.-D. Kiessling. ISBN 3-540-10604-9.
1981, 117 Seiten mit 48 Abbildungen und 3 Tabellen. 43.— DM

48 **Dynamische Optimierung technisch-ökonomischer Systeme**
Von J. Warschat. ISBN 3-540-10717-7.
1981, 132 Seiten mit 60 Abbildungen. 43.— DM

49 **Bildsensor zur Mustererkennung und Positionsmessung bei programmierbaren Handhabungsgeräten**
Von H. Geißelmann. ISBN 3-540-10735-5.
1981, 125 Seiten mit 52 Abbildungen. 43.— DM

50 **Verfügbarkeitsberechnung für komplexe Fertigungseinrichtungen**
Von Ekkehard Gericke. ISBN 3-540-10779-7.
1981, 132 Seiten mit 71 Abbildungen. 43.— DM

51 **Materialflußgestaltung in Fertigungssystemen**
Von Willi Rößner. ISBN 3-540-10888-2.
1981, 149 Seiten mit 76 Abbildungen. 48.— DM

52 **Beitrag zur Analyse der Auswirkungen der Mikroelektronik, dargestellt am Beispiel der Büromaschinen-Industrie**
Von Werner Neubauer. ISBN 3-540-10991-9.
1981, 145 Seiten mit 27 Abbildungen und 47 Tabellen. 43.— DM

53 **Modelle von Informationsystemen zur kurzfristigen Fertigungssteuerung und ihre Gestaltung nach betriebsspezifischen Gesichtspunkten**
Von Roland Gentner. ISBN 3-540-10992-7.
1981, 181 Seiten mit 69 Abbildungen und 7 Tabellen. 48.— DM

54 **Entwicklung von Verfahren zur Terminplanung und -steuerung bei flexiblen Montagesystemen**
Von Jürgen H. Kölle. ISBN 3-540-11227-8.
1981, 132 Seiten mit 64 Abbildungen und 1 Faltplan. 43.— DM

55 **Arbeits- und Kapazitätsteilung in der Montage**
Von Stefan Dittmayer. ISBN 3-540-11228-6.
1981, 124 Seiten und 56 Abbildungen. 43.— DM

56 **Beitrag zur systematischen Planung der Qualitätsprüfung bei Klein- und Mittelserienfertigung**
Von Herbert Babic. ISBN 3-540-11325-8
1982, 108 Seiten mit 38 Abbildungen und 7 Tabellen. 53.— DM

57 **Methode zur rechnerunterstützten Einsatzplanung von programmierbaren Handhabungsgeräten**
Von Uwe Schmidt-Streier. ISBN 3-540-11355-X.
1982, 188 Seiten mit 72 Abbildungen. 53.— DM

58 **Werkstoff- und Energiekennwerte industrieller Lackieranlagen, am Beispiel der Automobilindustrie**
Von Rainer Manfred Thiel. ISBN 3-540-11356-8.
1982, 116 Seiten mit 59 Abbildungen. 53.— DM

59 **Maßnahmen zum Verbessern der pneumatischen Lackzerstäubung – Teilchengrößenbestimmung im Spritzstrahl –**
Von Klaus Werner Thomer. ISBN 3-540-11507-2.
1982, 162 Seiten mit 94 Abbildungen und 1 Tabelle. 53.— DM

60 **Ermittlung und Bewertung von Rationalisierungsmaßnahmen im Produktionsbereich**
Von Jürgen Schilde. ISBN 3-540-11730-X.
1982, 158 Seiten mit 57 Abbildungen. 53.— DM

61 **Untersuchung von Verfahren der Reihenfolgeplanung und ihre Anwendung bei Fertigungszellen**
Von Mohamed Osman. ISBN 3-540-11747-4.
1982, 124 Seiten mit 32 Abbildungen und 3 Tabellen. 53.— DM

62 **Ein Simulationsmodell zur Planung gruppentechnologischer Fertigungszellen**
Von Volker Saak. ISBN 3-540-11747-4.
1982, 134 Seiten mit 53 Abbildungen. 53.— DM

63 **Verfahren zur technischen Investitionsplanung automatisierter Fertigungsanlagen**
Von Günter Vettin. ISBN 3-540-11747-4.
1982, 134 Seiten mit 63 Abbildungen. 53.— DM

64 **Pneumatische Sensoren zur prozeßsimultanen Messung des Werkzeugverschleißes und zur Kollisionsvermeidung beim Messerkopffräsen**
Von Wolfgang Jentner. ISBN 3-540-11747-4.
1982, 126 Seiten mit 47 Abbildungen und 6 Tabellen. 53.— DM

65 **Rechnerunterstützte Gestaltung ortsgebundener Montagearbeitsplätze, dargestellt am Beispiel kleinvolumiger Produkte**
Von Eberhard Haller. ISBN 3-540-12015-7.
1982, 130 Seiten mit 43 Abbildungen. 53.— DM

66 **Fernsehüberwachung von Schutzgasschweißvorgängen mit abschmelzender Elektrode MIG – MAG**
Von Ruprecht Niepold. ISBN 3-540-12181-7.
1983, 178 Seiten mit 73 Abbildungen und 5 Tabellen. 58.— DM

67 **Entwicklung flexibler Ordnungssysteme für die Automatisierung der Werkstückhandhabung in der Klein- und Mittelserienfertigung**
Von Karl Weiss. ISBN 3-540-12455-1.
1983, 116 Seiten mit 68 Abbildungen. 58.— DM

68 **Automatisierte Überwachungsverfahren für Fertigungseinrichtungen mit speicherprogrammierten Steuerungen**
Von Werner Eißler. ISBN 3-540-12456-X.
1983, 128 Seiten mit 66 Abbildungen. 58.— DM

69 **Prozeßüberwachung beim Galvanoformen**
Von Jürgen Wilhelm Böcker. ISBN 3-540-12457-8.
1983, 118 Seiten mit 32 Abbildungen. 58.— DM

70 **LAPEX – Ein rechnerunterstütztes Verfahren zur Betriebsmittelzuordnung**
Von Stephan Mayer. ISBN 3-540-12490-X.
1983, 162 Seiten mit 34 Abbildungen und 2 Tabellen. 58.— DM

71 **Gestaltung eines integrierten Produktionssystems für die Sortenfertigung unter Einsatz der Clusteranalyse**
Von Gerald Weber. ISBN 3-540-12650-3.
1983, 194 Seiten mit 54 Abbildungen. 58.— DM

72 **Gußputzen mit sensorgeführten, programmierbaren Handhabungsgeräten**
Von Eberhard Abele. ISBN 3-540-12651-1.
1983, 133 Seiten mit 66 Abbildungen. 58,— DM

73 **Untersuchungen zur Herstellung und zum Einsatz galvanogeformter Erodierelektroden**
Von Harald Müller. ISBN 3-540-12822-0.
1983, 148 Seiten mit 78 Abbildungen. 58,— DM

74 **Ein Beitrag zur Optimierung der Prozeßführungsstrategien automatisierter Förder- und Materialflußsysteme**
Von Hans Steffens. ISBN 3-540-12968-5.
1983. 161 Seiten mit 60 Abbildungen. 58,— DM

75 **Entwicklung eines Verfahrens zur wertmäßigen Bestimmung der Produktivität und Wirtschaftlichkeit von Personalentwicklungsmaßnahmen in Arbeitsstrukturen**
Von Christian Müller. ISBN 3-540-13041-1.
1983. 129 Seiten mit 34 Abbildungen. 58,— DM

76 **Berechnung der Gestaltänderung von Profilen infolge Strahlverschleiß**
Von Wolfgang Marx. ISBN 3-540-13054-3.
1983. 121 Seiten mit 58 Abbildungen. 58,— DM

77 **Algorithmen zur flexiblen Gestaltung der kurzfristigen Fertigungssteuerung**
Von Rudolf E. Scheiber. ISBN 3-540-13500-6.
1984, 150 Seiten mit 73 Abbildungen und 1 Tabelle. 63.— DM

78 **Galvanisieren mit moduliertem Strom**
Von Jürgen Wolfgang Mann. ISBN 3-540-13733-5.
1984, 145 Seiten und 58 Abbildungen. 63,— DM

79 **Fluoreszenzmeßverfahren zur Schmierfilmdickenmessung in Wälzlagern**
Von Wolfgang Schmutz. ISBN 3-540-13777-7.
1984, 141 Seiten und 66 Abbildungen. 63,— DM

IPA-IAO Forschung und Praxis

Berichte aus dem Fraunhofer-Institut für Produktionstechnik und Automatisierung (IPA), Stuttgart, Fraunhofer-Institut für Arbeitswirtschaft und Organisation (IAO), Stuttgart, und Institut für Industrielle Fertigung und Fabrikbetrieb der Universität Stuttgart

Herausgeber: Prof. Dr.-Ing. H. J. Warnecke und Prof. Dr.-Ing. H.-J. Bullinger

80 Flexibilität und Kapazität von Werkstückspeichersystemen
Von Bernhard Graf. ISBN 3-540-13970-2.
1984, 115 Seiten mit 71 Abbildungen. — 63,– DM

T1 Flexible Fertigungssysteme
17. IPA-Arbeitstagung zusammen mit der 3. Internationalen Konferenz
„Flexible Manufacturing Systems (FMS-3)", ISBN 3-540-13807-2.
1984, 249 Seiten mit zahlreichen Abbildungen. — 118,– DM

T2 Integrierte Bürosysteme
3. IAO-Arbeitstagung. ISBN 3-540-13978-8.
1984, 633 Seiten mit zahlreichen Abbildungen. — 168,– DM

81 Rechnerunterstützte Planung von Montageablaufstrukturen für Erzeugnisse der Serienfertigung
Von Ernst-Dieter Ammer. ISBN 3-540-15056-0.
1985, 120 Seiten mit 1 Faltblatt und 33 Abbildungen. — 63,– DM

82 Flexibilität von personalintensiven Montagesystemen bei Serienfertigung
Von Heinrich Vähning. ISBN 3-540-15093-5.
1985, 152 Seiten mit 49 Abbildungen. — 63,– DM

83 Ordnen von Werkstücken mit programmierbaren Handhabungsgeräten und Werkstückerkennungssensoren
Von Ingo Schmidt. ISBN 3-540-15375-6.
1985, 111 Seiten mit 66 Abbildungen. — 63,– DM

84 Systematische Investitionsplanung
Von Jorge Moser. ISBN 3-540-15370-5.
1985, 190 Seiten mit 69 Abbildungen. — 63,– DM

T3 Montage · Handhabung · Industrieroboter
Internationaler MHI-Kongreß im Rahmen der Hannover-Messe '85. ISBN 3-540-15500-7.
1985, 267 Seiten mit zahlreichen Abbildungen. — 128,– DM

85 Flexible Montagesysteme – Konzeption und Feinplanung durch Kombination von Elementen
Von Peter Konold / Bernd Weller. ISBN 3-540-15606-2.
1985, 162 Seiten mit 71 Abbildungen und 9 Tabellen. — 63,– DM

T4 Menschen · Arbeit · Neue Technologien
4. IAO-Arbeitstagung zusammen mit der 2. Internationalen Konferenz
„Human Factors in Manufacturing". ISBN 3-540-15763-8.
1985, 442 Seiten mit zahlreichen Abbildungen. — 168,– DM

86 Leitstandunterstützte kurzfristige Fertigungssteuerung bei Einzel- und Kleinserienfertigung
Von Lothar Aldinger. ISBN 3-540-15903-7.
1985, 151 Seiten mit 49 Abbildungen und 2 Tabellen. — 63,– DM

87 Bestimmen des Bürstenverhaltens anhand einer Einzelborste
Von Klaus Przyklenk. ISBN 3-540-15956-8.
1985, 117 Seiten mit 74 Abbildungen. — 63,– DM

88 Montage großvolumiger Produkte mit Industrierobotern
Von Jörg Walther. ISBN 3-540-16027-2.
1985, 125 Seiten mit 58 Abbildungen. — 63,– DM

89 Algorithmen und Verfahren zur Erstellung innerbetrieblicher Anordnungspläne
Von Wilhelm Dangelmaier. ISBN 3-540-16144-9.
1986, 268 Seiten mit 79 Abbildungen. — 68,– DM

90 Bewertung der Instandhaltung von Fertigungssystemen in der technischen Investitionsplanung
Von Hagen U. Uetz. ISBN 3-540-16166-X.
1986, 129 Seiten mit 38 Abbildungen. — 68,– DM

91 Entgraten durch Hochdruckwasserstrahlen
Von Manfred Schlatter. ISBN 3-540-16172-4.
1986, 167 Seiten mit 89 Abbildungen und 18 Tabellen. — 68,– DM

92 Werkstückorientierte Verfahrensauswahl zum Gußputzen mit Industrierobotern
Von Wolfgang Sturz. ISBN 3-540-16224-0.
1986, 156 Seiten mit 59 Abbildungen. — 68,– DM

93 Verfahren zur Verringerung von Modell-Mix-Verlusten in Fließmontagen
Von Reinhard Koether. ISBN 3-540-16499-5.
1986, 175 Seiten mit 46 Abbildungen und 1 Tabelle. — 68,– DM

94 Entwicklung und Einsatz eines interaktiven Verfahrens zur Leistungsabstimmung von Montagesystemen
Von Günter Schad. ISBN 3-540-16978-4.
1986, 120 Seiten mit 31 Abbildungen und 1 Tabelle. — 68,– DM

95 **Qualifizierung an Industrierobotern**
Von Wolfgang Bachl. ISBN 3-540-17018-9.
1986, 218 Seiten mit 30 Abbildungen. 68,– DM

96 **Rechnersimulation des Beschichtungsprozesses beim Elektrotauchlackieren –
Anwendung zum Berechnen des Umgriffs**
Von Otto Baumgärtner. ISBN 3-540-17102-9.
1986, 113 Seiten mit 42 Abbildungen. 68,– DM

97 **Ergonomische Gestaltung von Rotationsstellteilen für grob- und sensomotorische Tätigkeiten**
Von Werner F. Muntzinger. ISBN 3-540-17247-5.
1986, 135 Seiten mit 51 Abbildungen und 33 Tabellen. 68,– DM

98 **Die optische Rauheitsmessung in der Qualitätstechnik**
Von R.-J. Ahlers. ISBN 3-540-17242-4.
1986, 133 Seiten mit 56 Abbildungen und 2 Tabellen. 68,– DM

99 **Maschinelle Spracherkennung zur Verbesserung der Mensch-Maschine-Schnittstelle**
Von Gerhard Rigoll. ISBN 3-540-17350-1.
1986, 134 Seiten mit 55 Abbildungen. 68,– DM

100 **Konzeption und Auswahl modularer Magazinpaletten**
Von Thomas Zipse. ISBN 3-540-17584-9.
1987, 126 Seiten mit 54 Abbildungen. 68,– DM

101 **Anschlüsse an Kupferrohre – Herstellung und Automatisierungsmöglichkeit**
Von Eberhard Rauschnabel. ISBN 3-540-17807-4.
1987, 120 Seiten mit 88 Abbildungen. 68,– DM

102 **Mengen- und ablauforientierte Kapazitätsplanung von Montagesystemen**
Von Hans Sauer. ISBN 3-540-17815-5.
1987, 156 Seiten mit 64 Abbildungen. 68,– DM

103 **Verfahrensinstrumentarium zur Werkstückauswahl und Auslegung von Industrieroboterschweißsystemen**
Von Herbert Gzik. ISBN 3-540-17928-3.
1987, 138 Seiten mit 56 Abbildungen. 68,– DM

104 **Integration von Förder- und Handhabungseinrichtungen**
Von Joachim Schuler. ISBN 3-540-17955-0.
1987, 153 Seiten mit 61 Abbildungen. 68,– DM

105 **Produktionsmengen- und -terminplanung bei mehrstufiger Linienfertigung**
Von H. Kühnle. ISBN 3-540-18038-9.
1987, 124 Seiten mit 25 Abbildungen. 68,– DM

106 **Untersuchung des Plasmaschneidens zum Gußputzen mit Industrierobotern**
Von Jong-Oh Park. ISBN 3-540-18037-0.
1987, 142 Seiten mit 70 Abbildungen. 68,– DM

107 **Fügen von biegeschlaffen Steckkontakten mit Industrierobotern**
Von Daegab Gweon. ISBN 3-540-18134-2.
1987, 115 Seiten mit 13 Abbildungen. 68,– DM

108 **Entwicklung eines biomechanischen Modells des Hand-Arm-Systems**
Von Georgios Tsotsis. ISBN 3-540-18135-0.
1987, 163 Seiten mit 45 Abbildungen. 68,– DM

109 **Ein Beitrag zur Planungssystematik für die automatisierte flexible Blechteilefertigung**
Von Thomas Weber. ISBN 3-540-18136-9.
1987, 149 Seiten mit 56 Abbildungen. 68,– DM

110 **Entwicklung eines Meßverfahrens zur Bestimmung des Positionier- und Orientierungsverhaltens
von Industrierobotern**
Von Günter Schiele. ISBN 3-540-18137-7.
1987, 116 Seiten mit 48 Abbildungen. 68,– DM

111 **Schwingungsbelastung beim Arbeiten mit handgeführten, einachsigen Motormähgeräten**
Von Peter Kern. ISBN 3-540-18193-8.
1987, 145 Seiten mit 43 Abbildungen und 5 Tabellen. 68,– DM

112 **Entwicklung eines berührungslosen Tastsystems für den Einsatz an Koordinatenmeßgeräten**
Von Hie-Sik Kim. ISBN 3-540-18578-X.
1987, 111 Seiten mit 62 Abbildungen und 4 Tabellen. 68,– DM

113 **Qualifizierung an Industrierobotern – Ziele, Inhalte und Methoden**
Von Volker Korndörfer. ISBN 3-540-18618-2.
1987, 318 Seiten mit 100 Abbildungen. 68,– DM

114 **Funktional und räumlich variables und modulares Laborgerätesystem**
Von Alfred Mack. ISBN 3-540-18786-3.
1988, 116 Seiten mit 39 Abbildungen. 73,– DM

115 **Produktrecycling im Maschinenbau**
Von Rolf Steinhilper. ISBN 3-540-18849-5.
1988, 167 Seiten mit 50 Abbildungen. 73,– DM

116 **Integration der montagegerechten Produktgestaltung in den Konstruktionsprozeß**
Von Rudolf Bäßler. ISBN 3-540-19058-9.
1988, 133 Seiten mit 49 Abbildungen. 73,– DM

117 **Ein Algorithmus zur kapazitätsorientierten Bildung von Losen**
Von Tilmann Greiner. ISBN 3-540-19300-6.
1988, 135 Seiten mit 37 Abbildungen. 73,– DM

118 **Kabelbaummontage mit Industrierobotern**
Von Gerd Schlaich. ISBN 3-540-19301-4.
1988, 131 Seiten mit 62 Abbildungen.   73,– DM

119 **Beitrag zur Verbesserung der Fertigungskostentransparenz bei Großserienfertigung mit Produktvielfalt**
Von Albrecht Köhler. ISBN 3-540-19393-6.
1988, 148 Seiten mit 72 Abbildungen.   73,– DM

120 **Entwicklungs- und Planungshilfen zum Aufbau von flexiblen Ordnungssystemen**
Von Rainer Schanz. ISBN 3-540-19394-4.
1988, 104 Seiten mit 48 Abbildungen.   73,– DM

121 **Bestücken von Leiterplatten mit Industrierobotern**
Von Ernst Wolf. ISBN 3-540-50013-8.
1988, 132 Seiten mit 63 Abbildungen.   73,– DM

122 **Verschleißvorgänge beim Querschneiden dünner Bahnen**
Von Thomas Hülsmann. ISBN 3-540-50049-9.
1988, 126 Seiten mit 47 Abbildungen und 5 Tabellen.   73,– DM

123 **Geometrieprüfung in der Fertigungsmeßtechnik mit bildverarbeitenden Systemen**
Von Claus P. Keferstein. ISBN 3-540-50050-2.
1988, 128 Seiten mit 53 Abbildungen.   73,– DM

124 **Modulares Simulationsmodell für die Abläufe in verketteten Fertigungszellen mit Industrierobotern**
Von Kum-Hoan Kuk. ISBN 3-540-50069-3.
1988, 130 Seiten mit 57 Abbildungen.   73,– DM

125 **Montage von Schläuchen mit Industrierobotern**
Von Bruno Frankenhauser. ISBN 3-540-50072-3.
1988, 139 Seiten mit 63 Abbildungen.   73,– DM

126 **Kommissioniersystem mit Roboter und Mehrstückgreifer**
Von Klaus Baumeister. ISBN 3-540-50133-9.
1988, 104 Seiten mit 53 Abbildungen.   73,– DM

127 **Sensorunterstütztes Programmierverfahren für das Entgraten mit Industrierobotern**
Von Dieter Boley. ISBN 3-540-50175-4.
1988, 128 Seiten mit 67 Abbildungen.   73,– DM

128 **Die Arbeitsraumgestaltung manueller Montagearbeitsplätze mit graphischen und wissensbasierten Methoden**
Von Klaus Lay. ISBN 3-540-50259-9.
1988, 129 Seiten mit 50 Abbildungen und 7 Tabellen.   73,– DM

129 **Automatisierung des Biegerichtens**
Von Stefan Thiel. ISBN 3-540-50432-X.
1988, 142 Seiten mit 57 Abbildungen und 5 Tabellen.   73,– DM

130 **Rechnergestützte Verfahren zur Auslegung der Mechanik von Industrierobotern**
Von Martin-Christoph Wanner. ISBN 3-540-50640-3.
1989, 202 Seiten mit 80 Abbildungen.   73,– DM

131 **Entwicklung eines bestandsorientierten Fertigungssteuerungssystems für die Großserienfertigung am Beispiel des Automobilbaus**
Von G. Hachtel. ISBN 3-540-50639-X.
1989, 163 Seiten mit 34 Abbildungen und 6 Tabellen.   73,– DM

132 **Ergonomische Gestaltung der Benutzerschnittstelle am Antriebssystem des Greifreifenrollstuhls**
Von Ludwig Traut. ISBN 3-540-50877-5.
1989, 210 Seiten mit 127 Abbildungen.   73,– DM

133 **Planung taktzeitoptimierter flexibler Montagestationen**
Von Joachim Schöninger. ISBN 3-540-50896-1.
1989, 122 Seiten mit 47 Abbildungen.   73,– DM

134 **Ein Modell für ein integriertes Qualitäts- und Prüfplanungssystem in der Montage**
Von Josef R. Kring. ISBN 3-540-51195-4.
1989, 140 Seiten mit 60 Abbildungen.   73,– DM

135 **Fertigungsstrukturierung auf der Basis von Teilefamilien**
Von Manfred Auch. ISBN 3-540-51290-X.
1989, 138 Seiten mit 34 Abbildungen.   73,– DM

136 **Kollisionsbehandlung als Grundbaustein eines modularen Industrieroboter-Off-line-Programmiersystems**
Von Andreas Altenhein. ISBN 3-540-51418-X.
1989, 129 Seiten mit 53 Abbildungen.   73,– DM

137 **Ein Beitrag zur Planung und Bewertung Neuer Arbeitsstrukturen in NE-Metallgießereien Dargestellt am Beispiel der Fertigungsinsel**
Von Horst Nespeta. ISBN 3-540-51419-8.
1989, 157 Seiten mit 58 Abbildungen.   73,– DM

138 **Verfahren zur Prüfung der Partikelkontamination in Versorgungssystemen für hochreine Flüssigkeiten**
Von Rolf Herz. ISBN 3-540-51457-0.
1989, 123 Seiten mit 61 Abbildungen.   73,– DM

139 **Messung gekrümmter Flächen mit berührungslosen Verfahren**
Von Leo Schreiber. ISBN 3-540-51493-7.
1989, 119 Seiten mit 72 Abbildungen.   73,– DM

140 **Automatisiertes Lackieren mit steuerbaren Spritzpistolen**
Von Konrad A. Ortlieb. ISBN 3-540-51518-6.
1989, 121 Seiten mit 45 Abbildungen.   73,– DM

141 **Grundlagen zur Entwicklung reinraumtauglicher Handhabungssysteme**
Von Jürgen Geißinger. ISBN 3-540-51959-9.
1989, 124 Seiten mit 82 Abbildungen. 73,– DM

142 **CAD-Video-Somatographie**
Entwicklung und Bewertung einer Methode zur anthropometrischen Arbeitsgestaltung
Von Dieter Lorenz. ISBN 3-540-52163-1.
1989, 169 Seiten mit 61 Abbildungen. 73,– DM

Die Bände sind im Erscheinungsjahr und in den folgenden drei Kalenderjahren zu beziehen durch den örtlichen Buchhandel oder durch Lange & Springer, Otto-Suhr-Allee 26-28, 1000 Berlin 10.